점포 겸용, 주거전용 토지

50대 쌩초보 아줌마의
상가주택 도전기

글·사진 권명순

북랜드

국립중앙도서관 출판시도서목록(CIP)

(50대 쌩초보 아줌마의) 상가주택 도전기 : 점포 겸용, 주거전용 토지 /
글쓴이 : 권명순. ─── 대구 : 북랜드, 2018

p. 224 ; 152×224cm

ISBN 978-89-7787-762-7 03560 : ₩ 15000

건축 설계 [建築設計]
건축 계획 [建築計劃]

540.1-KDC6
692.1-DDC23   CIP2018010261

점포 겸용, 주거전용 토지

50대 쌩초보 아줌마의 상가주택 도전기

인쇄 | 2018년 4월 15일
발행 | 2018년 4월 20일

글쓴이 | 권명순
펴낸이 | 장호병
펴낸곳 | 북랜드
       41965 대구광역시 중구 명륜로12길 64(남산2동)
       대표전화 (02) 732-4574 (053)252-9114
       팩시밀리 (02) 734-4574 (053)252-9334

등 록 일 | 2000년 11월 13일
등록번호 | 제2014-000015호
홈페이지 | www.bookland.co.kr
이-메일 | bookland@hanmail.net

편　집 | 김인옥
교　열 | 배성숙 전은경

ISBN 978-89-7787-762-7　03560
정가 15,000원

점포 겸용, 주거전용 토지

50대 쌩초보 아줌마의 상가주택 도전기

Contents

차례

점포 겸용, 주거전용 토지

50대 쌩초보 아줌마의 상가주택 도전기

서
문

　　도급으로 건축을 해보았지만 건축현장을 눈여겨 지켜보지 못했고, 직접 설계를 의뢰하지도 않았다. 시공업체에게 설계, 시공, 준공 등의 모든 과정을 맡겨서 건축을 했기 때문에 건축용어나 건축 과정, 어떤 공정에 어느 정도의 금액이 필요한지 알지 못하고, 또 태어나 지금까지 집 짓는 일과 전혀 관련되지 않은 업종에 종사했다.

　어떻게 보면 건축일은 생 초보인데 감히 건축일을 직접 해보겠다며 겁 없이 뛰어들었다.

　건축용어도 모르고, 건축지식도 없다. 지식이 바탕이 되어야 하겠지만 과정 과정 지혜도 많이 필요하기에 어려웠던 상황과 극복했던 일들을 소개하며 건축계획이 있는 분들과 건물을 매입하려는 분들에게 조금이라도 내 경험이 도움이 되었으면 하는 바람으로 건축을 하며 경험한 과정들을 정리한다.

　건축하면서 불이 나 소방차와 경찰차가 왔을 때 도망치고 싶을 만큼 무섭고 두려웠다. 경위서를 작성하고 조사도 받았다.

　석재(외장재) 시공시 배관이 뚫려 마음고생했고, 뚫린 배관 찾

아내어 보수했다. 지붕 징크 시공 시 나무합판이 물을 먹어 썩었고 합판 밑의 단열재는 물을 머금고 있어 전부 뜯어내고 재시공했다.

썩은 나무와 물먹은 폼은 먼 훗날 어떤 상황이 발생될지⋯⋯?

하자가 나도 덮어버리면 알지 못한다. 하자가 금방 발견되어 보수하면 되겠지만 수년이 지난 후에 곰팡이 냄새, 눅눅함, 누수 등이 나타나면, 비로소 그때 알아차린다. 하지만 어디가 어떻게 잘못되었는지 알지 못하고 애매한 곳만 수리하면서 심적 경제적 고통이 발생하고 보수 하더라도 또 다시 보수해야 하는 상황이 발생하기도한다.

보물단지 내 건물이 애물단지가 될 수도 있다.

계
획

나는 무엇을 할 것이고, 그것을 하기 위해 무엇을 준비하고, 무엇을 하면서 또 다른 어떤 것을 얻을 수 있을까? 많은 시간 고민과 갈등을 했다.

우리는 삶을 살면서 매순간 선택을 해야 한다. 최고의 선택이 되지 않더라도 최선의 선택을 하려면 되도록 많은 정보를 알고 있어야 실패하지 않을 것이고, 실패를 하더라도 최소화할 수 있다.

2014년 시흥시에서 갯벌을 매립하여 택지를 조성하고 아파트, 산업시설, 상가, 근생, 단독주택과 상가주택지를 분양했다. 서울대학교가 들어온다며 매스컴에 유명인이 나와 대대적인 홍보를 했고, 공개경쟁입찰로 주택용지 분양 공고가 경제신문에 실렸다.

주거전용 161필지, 점포 겸용 24필지, 희소성과 수익성이 있겠다 싶어 점포 겸용 택지에 입찰을 했고 운 좋게 좋은 가격에 낙찰이 되었다.

앞라인 주거전용 A1-(1)-3지번은 2억 3,168만 원의 돈을 더 써넣어 낙찰되었는데, 위치만 보고 주거전용을 읽지 못한 모양이다. 경매에서 "0" 하나를 더 붙여 낭패를 보는 일이 가끔 있다지만 주거전용 택지에 프리미엄을 너무 많이 써 넣었다.

계약을 하지 않으면 10%의 계약금 ₩54,000,000원을 포기해야 한다. 포기하고 다음 기회를 노리는 것이 맞다. 다음 기회가 왔을 때 많이 고민하고 신중한 판단을 하면 된다.

안타까워 가슴을 끓이다 보면 돈 잃고, 건강도 잃어버린다.

가장 우매한 것이 건강을 잃어 모든 것을 잃어버리는 것이다. 포기할 것은 빨리 포기해 버리는 것이 낫다.

○ 단독주택용지 공급대상토지 세부내역 및 낙찰가

소재지	블록	공급용도	면적(㎡)	용도지역	건폐율(%)	용적률(%)	공급단가(원/㎡)	공급가격(원)	낙찰가	낙찰가-공급가격
경기도 시흥시 정왕동	A1-①-1		298				1,025,000	305,450,000	355,158,500	49,708,500
경기도 시흥시 정왕동	A1-①-2		298				1,025,000	305,450,000	385,460,000	80,010,000
경기도 시흥시 정왕동	A1-①-3		297				1,040,000	308,880,000	548,990,000	231,460,000
경기도 시흥시 정왕동	A1-②-1		297				1,025,000	304,425,000	-	-
경기도 시흥시 정왕동	A1-②-2		294				1,020,000	299,880,000	351,575,996	11,899,996
경기도 시흥시 정왕동	A1-②-3		288				1,045,000	300,960,000	305,100,200	4,140,200
경기도 시흥시 정왕동	A1-②-4		263				1,050,000	276,150,000	278,505,700	2,350,700

우리는 그때 알았더라면, 그때 조심했더라면, 훗날 그렇게들 이야기한다. 지금이 먼 훗날 그때가 될 수도 있다. 매사 신중하고 삼가며 살아가는 것…….

또 지금 뼈아픈 경험을 했기에 먼 훗날 좋은 땅을 낙찰받고 그때 그런 경험이 있었다며 웃는 날이 꼭 왔으면 좋겠다.

2년 분납으로 땅값을 완불하고 건축을 하기 위해 발품, 손품, 귀품, 눈품을 총동원하여 사방팔방 정보를 얻으려고 누비고 다녔다.

집을 지으면 10년은 늙는다, 개고생한다, 시공업자가 공사비만 챙겨 잠적하는 경우가 허다하다, 모르면 바가지 많이 쓰고, 잘못 지어 하자 발생도 많다.

왜 그렇게 안 좋은 것만 보이고 들리는지…….

가슴이 두근거리고 걱정이 밀려온다. 살고 있던 집이 팔려 예상 건축비는 준비가 되었다.

건축자재비, 인건비의 건축원가에 도급하는 시공사의 수익을 더하여 도급 가격이 정해진다.

시공사는 건축비가 싸지면 저렴한 재료들로 건축을 할 수밖에 없

50대 벼룩초보 이종민의
상가주택 도전기

12

고 그렇게 되면 떨어지는 건물의 퀄리티와 하자 등은 건축주 부담이 되는 것이다.

예로부터 싼 게 비지떡? 건축용어, 건축방법, 도면 보는 방법 등을 알 수 없으니 도급으로 맡기는 것이 맞다고 생각했다. 도급으로 건물을 신축한다면 몸도 편하고, 후에 하자 보수도 시공사에서 맡아 처리하지만 비용이 직영보다 많이 들고, 마음에 드는 재료 선택 시 시공사와 트러블이 있을 수 있고, 건축주 욕심은 추가공사비 문제로 시공사와 갈등이 생길 수 있다.

건축에 무지하니, 도급으로 건축하고자 결정하고 설계사무실을 찾았다. 옆집, 뒷집, 또 앞집 토지 주인에게 묻고 또 물어가며 몇 군데서 가도면 설계를 받았다.

점포겸용택지면 1층 상가가 제일 중요하다 생각했는데 그중 한 곳의 설계도면이 맘에 들었다. 설계와 감리비 포함 가격으로 설계 계약을 하기로 하고 서너 곳의 시공사를 찾아가 건축 상담을 하였다.

설계도면을 근거로 시방서를 요구했고 meeting을 하면서 시방서를 참고한 도급비용을 문의했다.

"비용에 따라 다양한 건축이 가능하다. 비용이 적으면 철근을 중국산으로 내부 인테리어를 B급이나 C급으로 쓰면 건축비를 줄일 수 있다."

그 말을 들으니 내 몸의 뼈가 골다공증이 생기는 느낌이다. 너무 저렴하게 계약을 했을 시 결로, 방수, 균열 등의 하자가 발생할 수 있겠다 싶다.

어떻게 건축할지를 결정하지 못하니 건축비 기준도 제각각이고 비교견적이 불가했다.

시흥시 아닌 타 택지개발지구는 건폐율과 용적률이 60%에 180%
또는 60%에 200%로 넓지만 시흥 배곧택지개발지구는 시에서 분
양하며 건폐율 50% 용적률 130%로 1층에는 상가를 2층과 3층은
각각 한 가구로 건축을 해야 한다며 분양을 했다.

필지 = 내 소유 땅의 면적

건폐율 = 땅(필지)에 얼마만큼의 크기로 건물을 지을 수 있는지를
나타내는 비율이다. 땅(330㎡ 100평) 건폐율 60%라면 1
층 바닥면적(198㎡ 60평)으로 건축할 수 있다는 것이다.

용적률 = 각층 바닥면적 × 층수로 이해하면 된다.
땅(330㎡ 100평) 용적률 180%라면 1층 바닥면적(198㎡
60평)으로 3개 층을 올릴 수 있다는 것이다.

지방자치단체가 도시계획조례로 규정하고 있다. 지하층은 용적
률과 건폐율에 산입되지 않고 전체면적에만 포함된다.

옥탑(다락방)은 면적에서 제외되며, 층수에서도 제외된다. 그러
나 옥탑(다락방)을 거실 등으로 사용하면 그때는 옥탑(다락방)으로
보지 않는다. 옥탑(다락방)으로 인정받으려면 가중평균 높이가 평
지붕이라면 1.5m 이하, 경사지붕이라면 1.8m 이하여야 하며, 배관
을 설치하는 온돌방 개념의 난방은 불가하다.

가중평균 높이는 바닥 구조체를 시작점으로 측정하되, 구조물 내
부의 최고점, 즉 천장의 높이까지가 아닌 구조물 외부의 최고점인

지붕 외부 최고높이까지를 말한다.

　다른 택지개발지구에 완공된 건축물들을 둘러보았다. 준공검사가 끝나고 가구 나누기를 한 위반건축물이 태반이다. 건물 준공필후 가구 수를 나누어 수익률을 올리고자 계획했었는데, 이행강제금이 만만찮고, 위반건축물이 적법이 될 때까지 이행강제금이 부과되며, 시정하지 않으면 행정대집행이라 하여 행정청이 건물을 부수는 집행을 하고, 비용을 건축주에게 부담시킬 수 있으며, 예전과 다르게 이행강제금이 많이 올라 부과된다는 정보와 맞닥뜨리자 겁이 더럭 나고 '불법을 하지 않아야겠구나.' 계획을 변경하게 되었다.

각오와 실천

킨텍스와 코엑스에서 하는 건축 박람회를 찾았다. 건축을 하려면 건축용어와 건축과정, 건축자재, 도면보기 등을 할 줄 알아야 한다. 1회 5만 원의 비용이 들어가는 직영건축 세미나를 참가했다.

도급으로 건축하며 법정분쟁 등 맘고생 사례 등을 알려주고 도급 건축보다 직영건축이 건축비 20% 정도 절감할 수 있다고 한다. 만약 ₩500,000,000 공사라면 ₩100,000,000 정도의 비용을 절약할 수 있겠구나 싶었다. 건축재료, 가격, 공법 등을 둘러보고 미미하지만 정보를 얻었다.

'도전하지 않으면 도약할 수 없다. 안 된다고 핑계 대면서 자기합리화하며 살지 말자. 모르니까 어려운 것이고 어려우니까 포기한다. 그러면 끝까지 알지 못하게 되는 것이다. '누가 키워준다고 크는 것이 아니라 내 자신이 부딪치며 도전하면서 크자.'

멋진 삶을 살아가기 위해 준비해야 할 것은 멀리 내다보는 안목과 기다릴 줄 아는 인내심이다.

마침 집도 팔리고 직장도 그만둔 상태라 남편과 직영으로 건축을 하겠다며 겁 없이 결정을 하고, 도서관에 틀어박혀 건축에 관한 책들을 보았다. 인테리어, 전원주택 등의 사진이 실려 있는 책들은 많았지만, 직영으로 건축하기 위한 길라잡이가 되는 책이 없다.

손품을 팔며 인터넷 서핑을 열심히 했다. 직영으로 건축을 한다면, 잘 모르기 때문에 건축재료 선택 시 갈등과 고민을 할 것이고, 최선으로 선택했다고 믿은 것에 기쁨과 혹 후회의 감정이 생길 수 있고, 비싼 가격으로 재료를 구입할 수 있고, 신축 후 하자에 대한 책임도 본인이 져야 한다. 그래도 직장을 정리하고 쉬고 있는 기간 남편과 벽돌 한 장씩 올리자는 마음으로 건축하자 마음먹었다.

건물을 신축하며 과정을 책으로 출판해 직영으로 또는 도급으로 건축하는 건축주들에게 도움을 주고 멋진 건물, 하자 없는 건물을 탄생시켜 보자 감히 목표를 정했다.

목표가 주어졌다면 목표를 이룰 방법을 생각하자 원하든 원하지 않든 시련과 고통도 있을 것이다.

해야 할 일이 무엇이고 그 일을 해내기 위해서 무엇부터 어떤 순서로 해야 할지를 파악하자. 지혜롭게 선택하고 일에 집중하자. 시련과 고통이 와도 이겨 나가겠다고 마음으로 다짐했다.

인생은 정해져 있지 않다. 무한한 기회와 가능성이 있다. 나에게 주어진 기회일 수 있다. 열심히 정성을 다해보자. 때로 힘들고 포기하고 싶을 수도 있지만 꼭 치러내자. 건축을 하면서 지식이 쌓이면 그 지식으로 돈도 많이 벌어야지.

쉽게만, 편하게만 산다면 삶이 너무 밋밋하고 알아야 할 교훈도, 내 자신의 성취감도 없다.

건축과정을 책으로 출판한다는 것은 두렵다. 또 잘못 썼을 때 비난받을 수 있다. 체념……. 체념에 대한 자기합리화와 핑계 대지 않고 멋진 건물 탄생시키고 알고 싶어 하는 사람들에게 정보도 제공하자. 무엇보다 멋진 자신감이 내게 생긴다는 것…….

우선 건물을 신축해본 경험이 많은 분, 방향을 가리키는 지팡이 역할을 하여 줄 분의 조언과 도움이 필요하다. 마침 점포겸용택지를 프리미엄 주고 매수한 건축산업기사 특급 자격증을 가진 분이 직영으로 건물 신축을 하고 있어 도움을 요청했다. 멘토로 건축공정마다

내비게이션 역할을 하여줄 것이다.

그분을 의지하며 직영으로 건물을 신축해보겠다는 근거 없는 자신감이 생겼고, 부탁을 했다. 그분은 흔쾌히 도와주겠다 하였고, 도움에 대한 사례비로 착공 시, 골조(뼈대)가 다 올라갔을 때, 준공검사와 마무리가 끝났을 때 각 3번에 나누어 사례비를 주기로 약속하는 문서를 작성하고 사례비로 계약금을 입금했다.

남양주에 한국주택토지공사에서 분양하는 점포겸용택지가 당첨이 되어 도급으로 신축해본 경험이 있었고, 서울시 동대문구 용두2동 새마을금고 뒤에 소방도로가 생기면서 집이 소방도로로 잘려나가 도급으로 건물 신축을 해본 경험이 있었다.

남편이 현장에 매번 나가서 건물이 올라가는 것을 지켜본 경험에 의지해 건물 신축 과정의 방향을 잡는 회초리 역할을 하여줄 수 있다고 생각했다.

방향을 가리키는 지팡이 역할을 해줄 건축기사와 방향을 바로잡는 회초리를 역할을 해줄 남편을 지혜롭게 이용해야지. 어떻게 하지! 할 수 있을까!

두려움에 나를 가두지 말고 나가서 부딪쳐 보자. 인생을 살면서 좋은 멘토를 만난다는 것은 행복이다.

처음 하는 일은 누구에게나 어렵고 어색하고 서툴게 마련이다. 서툰 것은 이상한 것도 부끄러운 것도 아니다. 서툴더라도 지인들의 도움을 받으면 된다. 구체적인 계획을 세운 후에 뒤돌아보지 말고 용기 있게 앞으로 나아가서 멋진 내 건물을 탄생시켜 보자.

건물터파기에서 완공까지의 엄청난 과정을 터파기, 기초공사, 골조공사, 외장공사, 내부공사, 내장공사, 인테리어, 사용승인 등으로 나누고, 나누어서 일을 하면 수월해질 것이고 아무리 어려운 일이라도 분명 해결책은 있다.

일의 순서가 많다고 겁내지 말고 방법을 알아가며 한 발씩 다가간다면 의외로 쉬울 수 있고, 많은 것도 배울 수 있을 것이며, 내가 원하던 건물도 탄생시킬 수 있을 것이다.

또 모르면 옆 공사현장에 가서 묻기도 하고 도와달라고 부탁도 하자. 도와달라 하는 것을 부끄럽게 생각하지 말자. 모르는 것을 아는 척 또는 두루뭉실 그러려니 하다가 부숴버리고 싶은 건물을 짓게 될 수도 있다.

보편타당한 일반적 지식보다 전문가인 건축기사의 조언을 따르자 그분을 나의 구세주라 생각하며, 자꾸 묻고 알아 나가자. 아는 길도 물어가고 돌다리도 두드리자. 그리고 선택은 내가 한 것이니 도와준 사람을 탓하지 말자.

하자 없는 건실한 내 건물을 완공하겠다는 집요한 마음과 철저한 모니터링이 있으면 멋진 내 건물 완공할 수 있다.

남극 탐험을 한 스콧과 아문젠의 경험을 상기하자. 경험 있는 사람 능력 있는 사람이라 할지라도 사전준비 없이 시작하면 실수도 하고 빠뜨리기도 하게 되는 것이다. 급하면 체한다는 말 명심하고 step by step 하며 천천히 꼭꼭 씹어 소화시키자. 그러면 급한 것보다 더 빠르고 더 좋은 결과를 얻을 수 있다. 그래서 사전 준비가 필요한 것이다. 준비가 잘 되어 있다면 멋지고, 튼튼하고, 하자 없는 작품(건축물)을 탄생시킬 수 있다.

영국의 스콧(43세) 탐험대와 노르웨이 아문젠(39세) 탐험대는 역사상 최초로 남극점에 도달하고자 원정을 준비했다. 동일한 목표를 가지고 같은 시기 비슷한 나이로 각자 조국의 영광과 명예를 걸고 출발을 하였지만 상반된 결과를 가져왔다.

영국 정부의 지원을 받은 스콧 탐험대는 사전답사도 하지 않고 열심히 최선의 준비를 다해 실행하면 좋은 결과가 있을 거라 막연히 낙관했다. 탐험 중 여러 난관에 부딪혔다. 준비한 모터썰매는 얼어붙었고 조랑말은 동상에 걸렸고, 끝내 대원들은 추위와 굶주림에 목숨까지 잃는 패배를 하였다. 허술한 낙관론이 일을 그르치게 했다.

노르웨이 아문젠 탐험대는 에스키모들의 여행법과 남극을 여행한 사람들의 경험을 주도면밀하게 분석해 개썰매를 이용했고, 실질적 경험을 쌓아갔다. 식량이 떨어졌을 때 돌고래가 있다면 식량으로 이용해도 되는지 출발 전 돌고래를 날것으로 먹어 보기도 했고 하루 6시간만 이동하고 휴식과 이동을 적절히 배합하는 전략적 선택을 하였다. 토사구팽이라 짐을 끌고 온 개를 식량으로 이용했다. 가장 효과적인 방법을 탐험 전 철저히 준비한 결과 승리와 무사귀환을 하였다.

건축
시기
축

택지개발지구 건축 시기는 건축물이 50%~70% 이상 준공 난 시점이나 아파트 입주가 거의 된 시점에 공사를 시작하는 것이 좋다.

아파트 입주가 반도 되지 않았고 준공필 주택이 25~35% 있는 상황에서 10월말 준공필이 되어 입주를 하고 임대를 놓으려 하는데 어렵다.

또 아파트 입주 물량이 많이 쏟아져 나오니 수요, 공급 법칙에 의해 가격을 저렴하게 놓아야 한다. 그래도 아파트 입주 물량이 쏟아지기 전에 2층 임대를 맞추었고 타 건축물은 가격을 고집하며 임대를 미루다 물량이 대거 쏟아지면서 그때 부랴부랴 가격을 낮추었지만 임대가 쉽지 않다. 택지개발지구는 아파트 입주가 되고 유동인구가 많아지면 상가의 공실이 없다는 것을 이미 학습해서 알고 있었지만, 계속 공실로 비워두니 아까운 생각이 들고, 맘이 조급해진다.

평내 · 호평지구를 경험한 바에 의하면 2년 만기 한 텀이 돌면 제 가격으로 임대료가 형성되고 1층 상가 또한 공실 없이 채워진다.

평내 · 호평지구 1,000세대 아파트가 길 건너편에, 집 앞은 4차선 대로변 버스정거장 앞이었던 건물 1층 상가도 1년 넘게 비어 있었고, 아파트 입주가 모두 되고 2년 만기로 세입자들이 한 번 바뀌고 난 후부터는 주택이나 상가의 임대료가 현실에 맞게 조정되고 공실 없이 꾸준하게 임대가 되었다.

10년 후에 매매했을 때 토지비용+건축비용의 2배로 매매하였고, 1가구 1주택에 장기보유특별공제를 받아 양도소득세가 미미했다.

70% 공사가 진척되었을 때 공사에 들어가면 공사에 제약이 있고, 공터가 없어 힘든 공사를 해야 하고, 때에 따라서는 비용이 더 들 수도 있지만 완공될 즈음 임대가 용이하며, 오랜 시간 공실로 비워두지 않아도 되기 때문에 금융비용도 절약할 수 있다.

서울 골목곡목 좁은 땅들도 여러 제약들이 있지만 다들 공사를 잘 해낸다. 내부시설이 사용하기 편하고, 단열이 잘되어 냉·난방비 적게 나오고, 방음 잘되고, 방범이 잘되어있는 집을 사람들은 선호한다. 살기 편하고, 오래 살고 싶은 집을 짓는 것이 바람직하다.

외관만 멋들어지게 지어 빨리 매도하려고 건축한 집들도 있다. 부동산을 선택할 때 꼭 심사숙고해야 한다.

내부구조가 잘된 집이 임대도 잘 된다. 평수가 크지만 구조가 이상한 집은 임대료를 낮추어도 임대가 잘되지 않는다. 평수가 크다고 좋은 집이 아니다. 구조가 좋고, 방음과 냉·난방비가 적게 드는 집은 임차인이 잘 바뀌지 않는다.

초기에 건축자금도 준비되지 않은 상황에서 공사를 진행하면 은행이자에 마음고생 하며 상권이나 주거환경이 조성되지 않아 임대 놓기도 어렵고 심적 고통이 심하다.

임대료를 낮게 책정해 임대를 놓으면 임대가 될 수도 있겠지만 상가임대차보호법으로 시간이 지나 상가가 활성화되어도 임대료를 시세에 맞게 올릴 수가 없다. 그래서 임대료 없는 임대(무상임대 렌트 프리)를 준다. 적게는 2개월에서 1년까지 주면서 임대료를 적정 수준으로 맞추어 상가 임대를 한다.

〈상가건물임대차보호법 환산보증금액〉

⊙ 서울특별시 : 4억 원 이하에서 6억1천만 원 이하
⊙ 과밀억제권역 및 부산, 인천, 의정부, 성남 등 수도권 : 3억 이하에서 5억 이하
⊙ 광역시(부산, 인천 제외) 세종, 경기 안산, 용인, 김포, 광주, 파

상가건물 임대차 보호법 시행령 개정안

환산보증금 상한 개정
지역별 주요 상권 상가 임차인의 90% 이상 보호

	현행	개정안
서울	4억원	6억1천만원
과밀억제권역 (부산, 인천, 의정부, 성남 등 수도권)	3억원	5억원
광역시(부산·인천 제외), 세종, 경기 안산·용인·김포·광주·파주·화성	2억4천만원	3억9천만원
그 밖의 지역	1억8천만원	2억7천만원

■환산보증금 : 상가건물 임대차보호법의 적용 범위, 보증금 + (차임×100)

상가 임대료 인상률 상한 인하	현행	개정안
임대료 인상률 상한 (상가 임대인, 기존 임차인 상대 임대료 조정시)	9%	5%

주, 화성 : 2억4천만 이하에서 3억9천만 이하

⊙ 그 밖의 지역 : 1억8천만 원 이하에서 2억7천만 원으로 증액됨

2017년 12월 22일 입법예고했던 상가건물 임대차보호법시행령 개정안이 국무회의를 통과하여 임대료 상한선이 연 9% → 연 5% 이내로 바뀜

2018년 1월 26일자로 시행되는 상가임대차보호법시행령.

계약갱신청구권을 5년에서 10년으로 변경하는 안은 법률개정인 사항이어서 국회 통과가 필요하여 다음으로 미루어졌다.

적용범위는 시행령 시행 이후 체결되거나 갱신되는 상가건물 임대차계약부터 차임 또는 보증금의 증액한도는 시행 당시 존속 중인 상가건물 임대차계약에 대해서도 적용된다.

설계

설계자의 역할은 건축물의 사업방향을 제시하고, 설계 및 인허가, 준공 등의 행정업무를 한다.

목표가 주어졌으니 첫 단계는 설계다. 설계는 가장 중요하다. 수익률, 방, 주방, 거실, 화장실, 펜트리움, 드레스 룸 등을 적절하게 배치하고 방향과 공간 활용 등이 결정된다.

어떤 일을 할 때 그 분야에 전문가가 있다. 설계 역시 전문적인 분야다.

설계자는 고도의 공간 제안력을 가지고 있다. 설계를 어떻게 하느냐에 따라 건물 전체의 형태가 결정되는 것이기에 실력 있는 전문가에게 맡겨야 한다.

서울과 남양주에서 도급으로 건축을 하며 알게 된 건축사무실로 문의하니 건축할 곳에 있는 건축사에게 설계를 의뢰하는 것이 건축주가 편하다며 조언을 해준다.

시흥시청 인근 설계사무실 몇 곳에서 가도면을 받아 보았다. 가도면은 가능하다면 몇 군데서 받아보는 것이 좋다. 건축사 개인의 성향에 따라 여러 가지 도면이 나올 수 있다.

시에서 택지를 개발하여 일반인에게 입찰로 필지 분양을 한 점포 겸용택지를 낙찰받았고 건폐율 50% 용적률 130%의 지구단위 계획으로 정해진 땅이다.

여러 개의 도면 중 점포 겸용의 장점을 잘 살린 도면이 마음에 들었다.

건물을 신축해 임대를 놓을 경우 1층 상가에서 임대료가 제일 많이 나오기 때문이다.

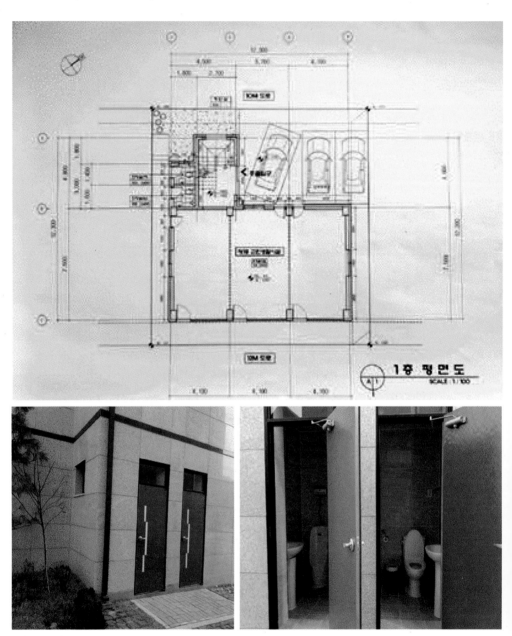

왼쪽 벽면 남 · 여 화장실(남-소변기, 변기, 세면기, 거울/여-변기, 세면기, 거울)

1층 상가의 특성을 잘 살린 도면을 제시한 건축사를 만나 설계 의뢰를 했다.

　수익률을 올리기 위해 불법으로 할 것인지 적법으로 할 것인지를 놓고 갈등하고 고심했다.

　시흥시청에서 매립한 땅을 시에서 경쟁 입찰로 분양했기에 시의 관리 감독이 철저할 것이다. 불법으로 건물을 짓는다면 임대 수익률은 좋을 것이지만 감독청에 불법이 적발될 시 이행강제금이 부과되고 건축물대장에 위반건축물로 등재되면 1층 상가 인·허가가 안 된다. 관의 인·허가를 요하는 음식점, 이·미용실, 부동산사무실 등의 임대를 할 수 없고 따라서 수익률이 떨어진다.

　등기부등본상에는 나와 있지 않고 건축물대장상에 위반건출물이라 등재되어 있으니 상가를 임차하는 사람은 꼭 건축물 대장을 확인하여야 한다.

　위반건축물로 등재되기 전에 음식점을 임대해 영업을 하는 상가라면 포괄양도 양수를 하여 다음 세입자가 승계하여 영업을 할 수 있다. 하지만 영업을 하던 음식점의 영업이 부진하여 폐업을 한다면 다음 세입자 구하기가 어렵고 관의 인·허가를 요하지 않아도 되는 판매점, 사무실 등으로 임대를 놓아야 하기 때문에 세입자 선택의 폭이 좁고, 임대료도 저렴해질 수밖에 없으며, 1년에 2번 이행강제금이 부과될 수 있다. 수익률이 떨어지면 건물의 가치가 떨어진다.

　적법으로 건물을 짓는다면 한 개 층 한 가구로 면적이 너무 넓고 임대 수익률이 떨어지며, 건물 매매 시 수익률 대비 매매금액도 낮아진다.

1인 가구가 대세인 요즘, 적법으로 건축하기 싫고 준공 후 세대 분리를 시켜 원룸으로 한 개 층 4세대씩을 만들고 싶다. 하지만 옛말에 '가지 많은 나무 바람 잘 날 없다' 라는 말처럼, 201호 고장 났으니 고쳐 달라, 204호 방음이 잘 안 된다, 303호 어느 집에서 애완견을 키우는지 시끄럽고 냄새 난다, 방 빼 달라, 가지가지 문제로 여기저기서 임대인에게 여러 가지 요구를 할 수 있다. 또한 임대료가 밀리면 신경 쓰이고, 임차인이 바뀔 때마다 도배문제, 주차문제, 소음문제, 쓰레기 문제 등으로 속 시끄럽고 스트레스 받을 것을 생각하니 임대 수익률은 떨어지더라도 마음 편하게 총 2가구로 건축하자. 한 가구만 임대를 놓기 때문에 바람 불 일 없을 것이다.

호수 같은 마음으로 임대 놓을 수 있을 것이고 1층 상가 인·허가 문제로 폭풍 부는 일은 절대 없을 것이다. 적법으로 신축하자.

위
반

- 건물사용승인 후 무단증축 및 가구 수를 증가시키는 것
- 세대수에 따라 부설주차장을 설치하여야 하나 건축물 사용승인 전에 가구 수를 최소화하여 사용승인을 받은 후 이를 개조하여 가구 수를 늘리는 것
- 건축물 용도를 사용승인 후 무단으로 용도를 변경하여 사용하는 것

행 정 처 분

　일정기간 자진 시정명령을 한 후 기한 내 이행하지 않는 건축주에 대하여 사법기관 고발, 1년에서 3년 이하의 징역 또는 50,000,000 원 이하의 벌금형.

　이행강제금부과 행정적인 집행 벌로서 위반건축물에 해당되는 면적당의 행정벌금으로 이행강제금은 위반사항이 시정될 때까지 1년에 2회씩 부과될 수 있고, 시정되지 않을 시 행정청이 위반건축물에 대하여 강제적으로 철거집행(행정대집행)을 할 수 있다.

설
계
의
뢰

같은 면적 맞은편 위치에 점포겸용택지를 분양받은 김〇〇 씨와 설계사무실을 방문했다.

겨울 공사는 싫으니 구정 지나면 늦어도 입춘이 지나면 바로 착공할 수 있게 해 달라며 설계비와 감리비를 합한 금액으로, 계약 시 착수금(계약금), 허가완료 시(중도금), 준공 시(잔금) 금액을 나누어내며, 가설계도면을 기준으로 계약하고 "갑"의 요구사항이 경미할 경우 도면수정에 추가 비용은 없기로 한다.

대한건축사협회 표준계약서를 이용하여 계약하고 서명날인을 한 후 계약금을 입금했다. 같이 갔던 김〇〇 씨가 건축비 준비가 5월달쯤 된다고 하니 설계용역업무의 수행기간을 2016년 12월 12일부터 2017년 5월 30일까지 하기로 한다로 기재했다. 나는 구정 지나 바로 착공한다고 고지했으니까 생각 없이 서명을 했는데…….

김〇〇 씨는 맞은편 땅이고 땅의 모양 넓이가 같아 설계도면 방향만 뒤집으면 된다.

2016년 12월 14일 대리로 시청에 설계 접수를 하려 하니 인감증명서를 보내 달라 하여 인감증명서를 떼 주었다.

일을 진행하는 중에 용인대 유도학과 수시에 100% 합격할 줄 알았던 아들이 떨어져 버렸다. 수능까지 얼마 남지 않은 기간 정시를 잡아야 했다. 2017년 1월 23일 정시합격자 발표가 나고 24일 설계사무실을 방문했다. "구정 지나면 바로 착공할 것인데 허가 났느냐?" 물으니 아직 허가신청 전이라 한다. 12월 14일에 허가 신청한다 하였는데, 김〇〇 씨와 같이 허가 신청하려고 미루고 있었던 모양이다. 혼자 먼저 가며, 후에 함께 가는 것으로 계획했는데, 설계사무실에서는 함께 설계 맡을 것을 욕심낸 것이다.

인감증명서를 떼어준 지 1달이 넘었는데 강력하게 허가신청 요구를 했더니 2017년 3월 2일 접수(처리기간 5일)하였다며 접수증을 찍어 카톡으로 보내왔다.

2017년 3월 9일 설계사무실을 방문했다. "처리기간 5일이고 토요일, 일요일이 있으니 3월 9일이면 허가 떨어지기에 왔다."고 했다. 설계사무실 여직원이 20일 이후에 허가가 난다고 해서 직접 시청 건축과를 방문했다.

담당공무원이 오후에 허가가 떨어진다고 하여 설계사무실에 전화로 알려주었더니, 감리비가 2017년 2월 4일부터 올랐다며, 감리비를 추가로 내라고 한다.

구정 지나면 바로 착공한다고 누누이 설계사에게 고지했고, 12월 14일 대리로 허가 신청한다고 하여 인감증명서를 떼어주고, 계약금도 입금했는데……. 2월 4일 건축법이 바뀐 것도 고지하지 않고서…….

"2017년 2월 4일부터 감리비가 올랐고, 설계사 본인의 실수가 있으니 오른 부분 반반씩을 부담하자."고 한다. 2016년 10월부터 사무실을 방문하여 설계 상담과 가도면을 받고 여러 번 도면을 수정했다. 안방 가로 세로 410㎝×410㎝, 거실 면적을 넓게 하는 것이 좋을 듯 싶어 390㎝×390㎝으로 수정하고 계단실 밑을 상가로 집어넣어 상가에서 다용도실로 사용할 수 있게 하는 등 여러 번 도면 수정작업을 한 후 2016년 12월 12일 계약했는데, 3월 달에 허가 접수시키고 감리비 더 내라 하는 것은 계약과 다르다며 항의를 했다. "집을 사려고 계약하고 중간에 집값이 오르면 오른 값을 더 내야 하느냐, 계약을 왜 하느냐?" 따졌지만 협의가 되지 않는다.

또 2017년 2월 4일 건축법이 개정되고 바로 시행이 되었다.

2월 4일부터 직영으로 건축하는 곳에는 현장관리인을 두어야 한다는 규정이 새로 생겼다. 우리 현장은 건축산업기사 특급자격을 갖고 본인 건물을 신축하고 있는 분을 현장관리인으로 지정했다.

-신문기사 내용-

건축주가 소규모 건축물을 시공할 때 현장관리인을 지정하는 이른바 현장관리인 배치제가 시행됐지만 현실과 동떨어진 정책이라는 지적이 일고 있다. 건축공사현장에 비해 건설기술자 인력이 부족해서인데, 현실성 있는 인력수급 대책이 필요하다는 의견이다.

2월 4일 건축법 개정으로 앞으로 건설업자에게 도급하지 않고 시공한 모든 건축공사는 건설기술자 1명을 현장관리인으로 지정해야 한다. 현재 소규모의 건축주 직영공사 땐 건설기술자의 보유 및 배치기준을 적용받지 않다 보니 건설업 미등록자의 부실시공으로 피해가 급증해 소규모 건축물에 대한 안전관리를 강화하겠다는 국토부 방침이 반영된 결과다.

2017년 1월 24일 국토부는 2월 4일 이후 건축허가를 신청한 모든 건축공사에 배치해야 하는 현장관리인 건설기술자 직무 분야를 등급에 상관없이 '건축분야와 관련된 자'로 한다는 내용의 '현장관리인 배치제도 운영지침'을 전국 지자체에 배포했다.

하지만 문제는 제도가 시장에서 제대로 작동할 수 있는지를 따져보지 않고, 유예기간 없이 바로 시행됐다는 점이다. 건축행정시스템 '세움터'에서 제공한 '건축착공 허가신고 건수(2015.01~2015.12 기준)'에 따르면 건설업자가 직접 시공하지 않는 경우는 102,638건에 이른다. 이에 비해 현장관리인으로 배치할 수 있는 전국 건설기술자 수는 17,834명이다 국토부 지침대로 직무 분야가 건축 분야로서 사업체에 소속되지 않은 건설기술자 수다.

각 수치를 비교해보면, 각 17개 시도에 등록된 건설기술자의 수가 공사 건수에 비해 턱없이 부족함을 알 수 있다. 예를 들어, 전라남도의 경우 사업체에 소속되지 않은 건설기술자가 197명인데 비해, 2015년 기준 건축공사 수는 10,831건이다. 이렇게 되면 전라남도에서는 1명의 건설기술자가 1년 동안 약55(54.98)개의 공사현장에서 현장관리업무를 수행해야 한다. 현실적으로 업무수행이 불가능한 셈이다.

건축사 A는 "지방의 경우 현장관리인으로 지정할 수 있는 건설기술자가 수도권에 비해 턱없이 적을 뿐만 아니라 현장관리인으로 지정할 수 있도록 건설기술자 정보를 제공하는 정보시스템도 없는 실정이다."며 "지방건축공사 현장에 현장관리자를 지정하는데 어려움이 많다."고 토로했다. 인력난이 필연적으로 유발되는 이번 현장관리인 배치제에 대해 업계에서는 현장관리인을 배치해야 하는 시공현장 범위를 축소해야 한다는 의견도 나오고 있다. 건축사 B는 "건설산업기본법 시행령 제35조(건설기술자의 현장배치기준 등)에 보면 건설기술자를 현장대리인으로 지정하는 범위를 발주자의 승낙을 받아 1인의 건설기술자를 3개의 건설공사현장에 배치할 수 있도록 정해놓았다."며 "현장관리인을 배치할 수 있는 범위를 확대하는 기준을 마련해야 한다."고 전했다. 건설산업기본법 시행령 제35조에 따르면 공사 예정금액 5억 원 미만의 동일한 종류의 공사로서 동일 지역에서 행해지는 공사 시·군을 달리하는 인접한 지역에서 행해지는 공사로서 발주자가 시공관리 기타 기술상 관리에 지장이 없다고 인정하는 공사 이미 시공 중에 있는 공사의 현장에서 새로이 행하여지는 동일한 종류의 공사의 경우는 현장대리인이 배치될 수 있다. 또 다른 건축사 C도 "건설기술자를 건축주에게 제공할 수 있는 정보체계가 마련되지 않은 상태에서 건설기술자를 개인이 접촉하기에는 어려운 점이 많다."며 "상황이 이러다 보니 건축주가 설계자한테 현장관리인을 구해달라고 요구하는 상황이 발생한다."고 전했다. 덧붙여 "건축주가 건설기술자를 구할 수 있는 정보시스템을 하루빨리 준비하거나 건설기술자는 건축설계가 아닌 건설인력 분야에서 관리하도록 하는 게 맞다."고 강조했다. - ○○○ 기자

설계사에게

섭섭함

설계사는 개정된다는 것을 알거나 알 수 있었을 것이고 고객에게 법 개정이 된다고 고지를 했어야 한다. 감리비도 오르고 현장관리인도 두어야 하는 강화되는 법 개정을 고객에게 고지하지 않고 감리비가 올랐으니 비용을 더 내라고 한다.

세상을 살아가면서 소중히 지켜야 할 것은 믿음, 사랑, 약속, 인간관계이다.

깨질 때 큰 고통을 준다.

김○○ 씨는 임대 수익과 먼 훗날 건물을 매도할 때 임대수익률을 높여, 높은 가격에 건물을 매도하겠다며, 여러 번 설계를 고쳤고 8월 달에 같은 설계사무실에서 건축허가를 받고 지금 한참 건물이 올라가고 있다.

설계 상담을 같이 했던 김○○ 씨와 같이 가는 것으로 알고 시간이 흐르다 보니 그렇게 되었다며, 설계사 본인의 잘못도 있지만 감리비가 올랐으니, 비용부담을 해야 한다며 계속 본인 입장만 설명한다.

어떤 일을 할 때 도움이 되는 사람도 있지만 그렇지 못한 사람도 있다. 본인의 일은 본인이 알아서 해야 한다. 괜스레 여럿이 어우러져 부탁하면 금액이 내려가고 요구사항도 편하게 할 수 있을 것이라는 막연한 생각으로 접근하다 낭패를 보았다.

'설계사는 남 탓하지 말고, 변명하지 말고, 핑계 대지 말고 결과를 솔직히 인정하고 결과에 책임을 져야 한다.' 나쁜 말을 퍼붓고 싶은데 화가 나서 쏟아내는 말들로 인해 설계사가 나쁜 감정을 갖는다면 시간이 흐른 후 화해가 힘들고 관계가 나빠져서 건축을 하며 설계사 도움을 받아야 할 때 좋지 않은 감정들이 건물에 반영될 수 있겠구나 싶다.

가장 쉬운 일은 돈으로 해결하는 것이다. 부담한 금액이 많지는 않지만 씁쓸하다.

또 "2가구로 확정 지어진 땅이라 3층에서 4층을 올라가는 공용계단을 만들 수 없다."

3층 실내에서 4층으로 올라가는 계단만 있고, 3층 외부에서 4층으로 올라가는 공용계단이 없는 설계도가 작성되었는데, 사용승인이 떨어져 입주한 집들을 올라가 보니 3층에서 4층으로 올라가는 공용계단이 있다.

시청주택과 주무관에게 통화를 했다. "공용계단 있는 집 한 집도 없고 본인이 담당자인데 그런 집이 있다면 사진을 찍어 오거나 지번을 알아오라."고 한다. 그러면 "시정명령 내리는 계고장을 발부할 것이고 건축물대장에 위반건축물로 등재할 것"이라 하였다.

순간 시에 민원을 제기하며 고발하는 인성 나쁜 사람이 되라는 소리로 들려 화가 났다. "무슨 개 같은 소리를 하느냐?" 뱉어버리고 흠칫 놀라 입을 막았다. 나도 모르게 함부로 쏟아낸 말에 놀랐고, 상대에게 감정을 쏟아부은 것이 민망했다.

땅을 분양한 시흥미래사업단을 찾아가 문의를 했다. "지구단위계획으로 그럴 수 있다." "그렇다면 시흥시 지구단위계획을 보여 달라." 요구를 했고 책을 펴고 계단에 대한 제한사항을 찾아보았지만 3층에서 4층으로 올라가는 공용계단을 설치하면 안 된다는 내용은 어디에도 없다.

미래사업단 직원은 "주택법이나 건축법에 제한이 있을 수 있다."

고 하여, 시청으로 달려가 주택과 주무관을 만났다.

"조금 전에 너무 화가 났다. 이웃을 고발하는 민원을 나에게 넣으라는 말에 이성을 잃었다. 정말로 미안하다." 사과를 했다.

주택과 주무관은 "구도심에 위반건축물이 많아 처음부터 위반건물을 건축하지 못하게 하려 함이다."라고 하였다.

"왜 공용계단이 필요한가?"를 물었다. "2층에서 불이 났을 때 대피해야 하고, 이불을 옥상에 널어야 할 때 3층 집안으로 들어와 이불을 가지고 4층으로 가야 하는 번거로움과 사생활이 침해되지 않겠는가?" 의견을 말했다.

주무관은 "공용계단을 설치해도 된다. 단 4층에 출입문을 만들면 안 된다. 그렇게 되면 임대를 주는 경우도 있다. 그리고 건축사에게 부탁해 도면을 고쳐야 한다." 주무관의 답변과 조언을 듣고, 설계사무실을 찾아가 "설계사가 공용계단 만드는 것이 안 된다 하여 수인했는데 시청 주무관에게 질의한 결과 공용계단을 설치할 수 있다고 하니, 수고스럽지만 공용계단이 설치되게 도면을 고쳐 달라." 요구를 했다.

설계사는 구조 계산을 해보고 전화로 알려주겠다고 하였고, 다음 날 추가비용으로 ₩2,000,000원을 요구했다. "₩1,000,000원으로 해 달라. 현장관리인도 두어야 하고 감리비도 일부 부담해야 하는데, 설치 가능한 계단을 설치할 수 없다 하였으니……."

건축사가 "받은 계약금 돌려줄 터이니 없었던 것으로 하자."고 한다.

'이미 결정된 일에 대해 뒤돌아보지 말자. 다시 처음부터 설계도면 그리고 허가 신청해야 하고……. 다른 설계사를 만났다면 얼마나 좋았을까?' 후회해 본들 무슨 소용이 있겠는가.

다음날 설계사무실을 찾아가 ₩1,000,000원으로 협의를 했다.

설계사와 나의 관계가 물과 고기의 만남처럼 서로 뜻이 맞고 마음이 통해서 서로 도우며 건축을 할 수 있으면 얼마나 좋을까. 마음이 아프고 상대가 미웠다. 함부로 내 감정을 쏟아 낸다면 나와 건축사는 둘 다 고통 속에 빠질 것이고, 인간관계가 깨져버릴 것이다.

다른 택지개발지구, 골조가 다 올라간 건물, 벌써 몇 개월째 유치권이 붙어있고 공사가 중단되어 있다. '시공자는 시공자대로 건축주는 건축주대로 얼마나 많은 고통 속에 갈등을 할까' 같은 시기에 공사를 한 건물은 1층에 카페와 빨래방이 들어와 있고 2층과 3층에 불이 켜진 것으로 보아 임대가 다 맞춰진 것 같다.

골조만 올라가 있는 집은 앞으로 또 얼마나 많은 시간이 흘러야 유치권이 떼어지고 완성된 건물이 탄생될까? 괜스레 마음이 아프다.

'건축사 요구하는 대로 비용 부담하자. 갈등하지 말고 고민하지 말자.'

점포겸용택지

주택전용택지 분양

배곧택지개발지구를 2014년 5월 29일 시흥시에서 분양을 했다.

주거전용택지 건폐율 30% 용적률 80% 2가구 이하 161필지

점포겸용택지 건폐율 50% 용적률 150% 2가구 이하로 24필지

공개경쟁 입찰 분양

점포겸용택지는 처음 4필지만 분양을 했고 경제신문에 공고가 났다.

택지 앞에 초등학교, 중학교, 고등학교, 초등학교로 4개의 학교가 들어오고 도서관이 있다. 2만여 세대의 아파트와 상가들 오피스텔이 들어서고 서울대가 들어온다며 아파트 분양을 하였고 모두 분양이 되었다. 녹지비율도 높고 생활기반시설이 모두 갖추어져 있으며 인근에 기존 도시가 2만5,000여 세대 형성되어 있는 곳이다. 점포겸용택지가 24개로 희소성이 있었다. 다만 경쟁 입찰이라 고민이 많이 되었다.

처음 1번 필지 256㎡(약 78평)를 노리는 사람이 많을 것이고, 코너 4번 필지 359㎡(약 109평) 한 층에 한 가구씩 2가구로 건축했을 때 실공간이 너무 크다. 요즈음 1인 가구가 대세이고 아파트도 큰 평형은 미분양 물량도 나오고 임대가도 작은 평형에 비해서 낮다.

2번째 필지 240㎡(약 73평)는 3억1920만 원 내정가로 분양공고가 떴다. 앞뒤로 도로를 끼고 있어 가운데 필지라도 건축을 했을 때 임대와 임대료를 고민하지 않아도 될 것이라 판단하고 ₩50,000,000원을 더 써넣었고 발표날 가슴이 콩닥콩닥 일이 손에 잡히지 않고, 발표도 볼 수 없었다.

같이 청약했던 사람에게 전화가 왔다. 통장에 청약할 때 넣었던 돈이 입금되었다고 한다. 나는 입금이 안 되었는데 혹시…… 시흥시청 홈페이지에 들어가 낙찰자 명단을 확인했다. "야호~ 와" 아주 운 좋게 낙찰이 되었다.

〈입찰서 제출 2014. 6. 30. 온비드〉

온비드에서 청약을 하려면 범용 공인인증서가 있어야 한다.

포털 온비드(http://www.onbid.co.kr)

입찰보증금 납부는 개인별 가상계좌를 부여해 준다.

개찰 2014. 7. 1. 시흥시 미래도시개발사업단 분양팀 입찰집행관 PC

낙찰자 발표는 2014. 7. 1. 시흥시 배곧신도시

홈페이지(http://www.baegot-newcity.or.kr)에서 했다.

계약체결은 낙찰일로부터 10일 이내에 시흥시 미래도시개발사업단

배곧신도시 택지를 낙찰받고 언니에게 전화를 했다. "나도, 나도." 다음번 8필지 분양공고가 났을 때 언니가 참가했고 언니도 240㎡(73평) 필지를 낙찰 받았다. 물론 처음보다 높은 가격으로 낙찰받았고 3번째 8필지 4번째 4필지를 차례로 분양했고, 완판되었다. 시흥시가 선전을 했다. 내가 쓴 가격이 부끄러울 만큼 높은 가격들로 낙찰되었다.

내가 처음 낙찰받았을 때 언니가 동창회에 나가 수다를 떨었고, 대학동창 김○○ 씨가 관심 있게 듣고 있다 주변 부동산들에게 정보를 입수해 ₩100,000,000 정도를 더 써 넣어 3번 필지를 낙찰받았다. 이번에는 김○○ 씨가 동창회 모임에서 자랑을 했다. 언니는 왜 정보를 김○○에게만 주었느냐 많은 원성을 들었고, 다 모인 자리에

서 이야기했는데 그중 김○○ 씨만 관심이 있었던 것이라 진땀 **빼**며 해명했다고 한다. 그렇게 김○○ 씨와 인연이 되어 비슷한 위치 같은 크기(240㎡)로 같이 건축을 하기 위해 건축사 사무실을 방문하며 도면 공부를 했다. 이외에도 점포겸용택지 주거전용택지를 분양하는 곳이 여러 곳 있다.

LH 한국토지주택공사 www.lh.or.kr

SH 서울주택도시공사 www.i-sh.co.kr

경기도시공사 www.gico.or.kr

한국수자원공사 www.kwater.or.kr

BMC 부산도시공사 www.bmc.busan.kr

인천도시공사 www.idtc.co.kr

각 지자체에서도 택지를 분양한다. 경제신문에 공고가 난다.

2018년부터 분양하는 점포겸용택지는 경쟁입찰로 분양을 한다. 낙찰이 되면 계약체결 시 10% 잔금은 6개월마다 4회 균등 분할 납부한다.

(중도금유이자) 중도금이 연체되면 연 7%~10.5%의 가산금이 붙는다. 명의변경은 잔금을 지불하고 등기를 한 후에 할 수 있는데 예외적으로 잔금납부일(최대 2년) 이후 전매, 세대원 전원이 일정사유로 다른 지역으로 이전하는 경우, 상속으로 취득한 주택으로 이전, 해외 이주, 이혼으로 인한 재산분할, 배우자 증여, 채무불이행으로 인한 경·공매 등은 명의를 변경할 수 있다.

컨
테
이
너
부
스

3월 27일, 음력 2월 30일이다.

사람들이 흔히 하는 말로 '손 없는 날', 이사비용이 비싼 날이다.(보통 음력으로 끝자리 숫자가 9일과 10일을 손 없는 날이라 한다).

음력은 큰달이 30일 작은달은 29일까지 있다. 음력 2월은 차례로 크고 작은 달이 교체되기 때문에 2월이 30일이 되는 것은 2년에 한 번씩인데, 오늘이 그날이다. 현장관리인이 오늘 비 올 확률 오후에 60%라 착공을 내일 하자고 한다.

손 없는 날로 좋은 날인데……. 출발이 좋아야 끝이 좋을 것 같은 느낌이며, 모든 일이 순조롭게 되기를 바라는 마음으로 공사현장 컨테이너 부스에 인쇄되어 있는 컨테이너 부스 판매점 서너 곳에 전화로 값을 문의했다.

새것 ₩200만 원~₩250만 원까지로 조금씩 가격 차이가 났다. 3m×6m 전면에 창문 2개, 후면에 창문 1개, 출입문 1개의 컨테이너 부스, 임대로 사용할 시 월 ₩30만원×5개월=₩1,500,000원, 새것으로 구매 시 운송비 포함 ₩2,200,000원이다. 혹 공사기간이 길어지더라도 건물이 완공된 후(1년이 지나지 않으면) 50%의 가격으로 환매해 주는 조건으로 컨테이너 부스를 구입했다.

컨테이너 부스 내릴 지게차 비용은 구매자가 부담한다. 지게차는 몇 시간을 사용해도 5만 원, 잠깐 사용해도 5만 원이다. 컨테이너 부스가 트럭에 실려 공사현장으로 오는 상황에서 지게차를 불렀다. 컨테이너부스 밑에 2개의 구멍이 뚫려져 있고, 지게차가 그 구멍으로 기계를 집어넣었다. 컨테이너 부스를 싣고 온 차가 서서히 빠져나가고, 지게차가 컨테이너 부스를 땅에 내려놓았다. 불과 3분 정도의

시간이 소요됐는데 ₩50,000원, 좀 아깝다는 생각이 들었지만 사람의 힘으로 내리는 것은 불가능하다.

내가 할 수 없는 일, 시간과 엄청난 힘이 소요되는 일, '시간은 돈이다' 그렇게 생각한다면 ₩50,000원의 비용이 결코 비싼 비용은 아니다.

문에 3개의 열쇠가 꽂혀 있다. 열쇠로 문을 열고 컨테이너부스 안으로 들어가 보니, 바닥은 나무무늬의 장판이 깔려있고, 도배도 깨끗이 되어 있으며, 전등 2개가 천정에 달려있고, 환풍기와 벽체에 전기기구를 꽂을 수 있는 콘센트도 2개 있다.

이제 전기만 연결하면 깨끗한 사무실이다. 생수 판매 업체에서 찾아와 물을 사용하면 정수기는 무상으로 대여해 준다고 한다. 물 2통

을 주문했다. 물 한 통에 ₩5,000원, 한 통은 정수기에 얹어 주어 바로 식수로 사용했다. 컵홀더도 달라 했더니 마지못해 하며 "원래는 안 되는데……."라며 컵홀더를 차에서 꺼내왔다.

정수기 옆에 넓은 자석이 붙어 있는 컵홀더를 붙였다. 사무용 집기는 중고로 샀다. 리사이클 하는 곳에서 책상, 의자 4개, 6인용 테이블을 15만 원에 구입해 들여놓으니 제법 쓸 만한 사무실이 완성되었다.

내친김에 옆 공사장에서 삽을 빌려 군데군데 흙을 파서 옆 빈 땅에 갖다 놓았다. 오늘 땅을 파고 착공 시작을 한 것이다. 날씨 또한 확률과 다르게 맑고 따사롭다. 괜히 모든 것이 잘될 것 같다는 생각에 마음이 설렌다.

컨테이너 부스를 달랑 누가 실어가지 않을까 잠을 설쳤다.

다음날 현장에 도착하니 멀쩡하게 제자리에 컨테이너 부스가 있다. 사랑스럽다.

컨테이너 부스는 공사 기간 중 사무실로, 휴식공간으로, 자재보관용으로 쓰임이 좋았다. 컨테이너 부스로 영업사원들이 많이 찾아온다. 영업사원들과 협상을 잘하면 좋은 자재를 착한 가격으로 계약할 수 있다. 공정 등의 진행과정을 모르면 옆 건물 공정을 슬쩍슬쩍 컨닝하면 되고 주변 공사현장을 돌아다니며 공정별로 손끝이 야무진 업체와 미팅하고 비교 견적하여 계약하면 된다. 컨테이너 부스가 사무실 역할을 톡톡히 한다.

영업사원들이 컨테이너 부스로 많이 찾아온다. 가격 협상, 잘하면 좋은 재료, 착한 가격으로 계약할 수 있다. 사무실, 휴식공간, 자재 보관용으로 편리하다.

근
로
복
지
공
단

건축 허가가 떨어지고 근로복지공단 1588-0075에 전화를 해서 고용보험과 산재보험 가입 문의를 했다. 건축허가필통지서와 공사개요서, 보험가입신청서를 작성하여 FAX로 보내 달라 했다. 전자우편은 날짜가 서로 애매하기 때문에 꼭 FAX로 보내라 했다.

보험가입신청서는 근로복지공단 서식자료실에서 건설공사 및 벌목업 보험에 관한 성립신고서를 다운받아 작성하면 되고 시청에서 발행하여주는 건축허가필통지서를 copy하면 된다.

공사개요서는 건축사사무실에서 시청에 접수했던 건축설계도면 전면 첫 page에 있는 것을 copy하면 된다. 근로복지공단에서는 건축기간은 보지 않고 금액에 따라 산재보험료와 고용보험료가 책정된다. 전체공사비의 약 1%의 금액이다. FAX로 보내고 담당자에게 전화를 걸어 확인했다. 등기로 고지서를 발송하니 며칠 뒤 받을 수 있다고 한다.

안전사고에 유의해야 한다. 현장을 둘러볼 때 꼭 안전모, 안전화를 착용해야 다른 작업자들도 안전관리에 신경을 쓴다. 가끔 근로복지공단 안전점검자들이 나온다. 적발되면 건축주가 벌금을 내야 한다. 안전모, 안전화 착용하고 안전난간 설치 잘 해야 한다.

안전난간은 한국산업관리공단에서 ₩300,000,000 이하의 공사는 65% 지원을 해준다(아시바-비계, 플라잉넷). 지원금이 끊기면 지원해 주지 않는다고 하니, 연초에 공사하는 현장은 받을 수 있다. 고용보험, 산재보험 가입 시 확인해보는 것이 좋다.

뼈대(골조) 콘크리트, 철근, 레미콘 외장재 등 건축비용 ₩300,000,000 원 공사를 기준으로 고용보험 ₩844,260원, 산재보험 ₩2,156,960원 납부했다.

　건축주가 산재보험과 고용보험을 들었지만 목수(뼈대-골조)에게 근로복지재해보험 들어달라고 하였다. 보상한도 현장직 1인당 ₩100,000,000, 1사고당 ₩200,000,000, 보험금액 70,000원 정도 공제증권 끊어 와서 받았다.

고용·산재보험 가입 시 공단에 비계, 플라잉넷 보조여부 꼭 확인하는 것이 좋다. 보조금이 떨어지면 보조해 주지 않는다. 연초에 건축할 시 받을 확률이 높다. 보이는 건물 비계는 보조받아 설치했다. 플라잉넷(낙하물 방지막)

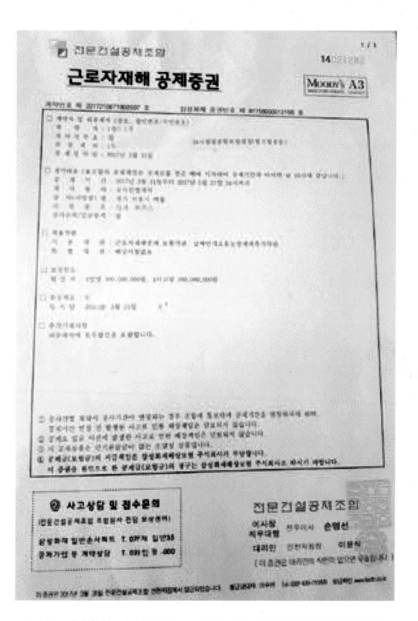

보험료는 미미한데 안심되고 든든하다. 꼭 근재보험은 가입해 달라 요구하는 것이 좋다. 건축주 고용보험, 산재보험 가입 필수

파
일
시
공

배곧신도시는 갯벌을 매립해 택지를 조성한 도시로 연약지반이다.

보통 통매트를 치면 되지만 연약지반에 건축을 하려면 기초를 단단하게 하기 위해 파일공법이나, 팽이공법으로 지반 보강을 한다.

24개 점포겸용 필지의 주민들이 모였고 회장이 선출되었다.

파일 장비가 한 번 들어오는데 ₩12,000,000원의 비용이 들고 파일(전봇대 정도로 생각하면 된다) 1m당 ₩22,000원 부가세, 운반비는 별도다.

15m 파일 20개를 신청하고 파일자재 대금 ₩6,600,000원을 입금했다.

파일 시공(유압 직항타, 오가천공, 동재하시험, 장비조립 해체, 장비 운반비, 파일소 운반, 파일 이음 용접, 두부 정리) 비용을 여러 필지의 주인들이 같이 공사를 해 한 필지에 ₩3,800,000원의 비용이 들었고, 우리 현장은 일반사업자가 아니기에 부가세 환급을 받을 수 없어 영수증을 발행하지 않는 것으로 ₩6,600,000원+₩3,800,000원=총 ₩10,400,000원의 비용을 입금했다.

팽이공법으로 지반 보강을 한 집은 ₩12,000,000원의 비용이 들었다고 한다. 후에 비용이 남았다며 입금을 해 주었고, 예상보다 비용을 절감할 수 있었다.

크레인 유압직장타 차가 들어와 파일을 박을 때 쿵쿵 대단한 소음과 커다란 장비가 무서워 가슴이 쿵쿵거렸다. 파일 박을 위치는 가도면을 따랐다.

20m 파일 20개 박음

연약지반에 하는 기초공사, 팽이공법

착
공
계

‘착공신고필증 건축법시행규칙 제14조’는 설계사무실에서 대행해 준다.

착공계를 낼 때 현장관리인의 경력증명서, 자격증을 copy해 첨부한다. 감리자 선정은 관할 행정기관에서 임의 선정한다.

2017년 2월 4일부터 바뀐 제도로 현장관리인을 선정하여야 한다.

건축주직영 현장의 대다수가 무자격자에 의해 책임감 없이 시공이 이루어진다. 이런 상황에서 건축물의 분쟁, 하자발생 시 건축주는 시공과 관계없는 사람에게 화풀이를 한다. 공무원에게 민원을 넣고 설계사무소에 문제를 제기하고 문제가 제기될 수 있는 부분과 건축물에 대해 조금이라도 지식을 갖춘 자를 배치함으로써 그 시공에 대해 책임을 지라는 뜻이다.

현장관리인 자격요건은 건설기술자격을 가진 자이다. 착공 시 현장관리인의 자격요건을 확인, 그 서류를 제출하도록 되어 있고 그것이 충족되지 않으면 착공계를 접수할 수 없다. 배치된 현장관리인은 동시에 여러 현장을 겸할 수 없다.

착공 신고한 날로부터 1년 이내에 공사를 착수하지 아니하면 신고가 취소된다. 단 신고권자가 정당한 사유가 있다고 인정하는 경우에는 1년의 범위 내에서 공사 착수 기간을 연장할 수 있다.

착공 신고하지 아니하고 공사를 착수하면 ₩2,000,000원 이하의 벌금에 처해지고 착공이 지연되는 경우 착공연기신청서를 제출하면 1년간 유예기간이 주어진다.

현장에 도착하니 벌써 포크레인과 덤프트럭이 와서 땅을 파고 흙을 덤프트럭에 싣고 있다. 뻘흙이라 트럭 1대분의 흙 처리비용이

₩70,000원이다. 포크레인으로 땅을 파고 파일 컷팅차가 와서 파일을 컷팅하고 마무리는 수작업으로 한다. 20개의 파일을 커팅하고 마무리하는 데 2~3시간이 걸려 작업을 했다. 1개를 컷팅해도 100개를 컷팅해도 같은 금액 ₩700,000원이라 한다. 같은 날 몇 집이 같이 공사를 하면 금액을 절약할 수 있었는데……

파일 컷팅

파일 컷팅

파일 컷팅

　땅을 파서 고르고 목수님이 먹줄을 튕겨 계단실, 주차장, 건물이
앉혀질 위치를 표시했다. 비닐 2겹을 깔고 비드법 2종 900×1800
3호 120T(두께 12cm) 의 스티로폼 가등급을 깔았다. 스티로폼 2장
의 넓이는 3.24㎡로 약 1평이다.

　스티로폼 주문은 현장관리자(건축기사님)의 조언을 듣고 공장에
주문을 했다. 80장 운반비 별도(₩60,000원) 스티로폼 가격을 입
금하고 인터넷 검색을 해 보고 총판과 가격 비교를 해 보았다. 총판
가격보다 저렴하다. 발품과 손품(인터넷 검색)을 팔면 좋은 재료를
저렴한 가격으로 받을 수 있다.

　준공서류 제출할 때 스티로폼에 관한 서류를 첨부해야 한다. 스티
로폼 판매처에서 제출해야 할 서류를 메일로 보내주었고, 출력해서
준공서류에 첨부하였다.

스티로폼 (기초)

철

근

계

약

철근은 뼈대를 이루는 재료이기에 꼭 좋은 제품을 써야 한다. 철근은 부식되면 강도가 급격히 떨어진다.

철근은 8~10m로 절단되어 판매된다. 대략 철근 양의 +− 5% 정도는 자투리로 버려진다.

IMF 때 1톤당 ₩1,000,000원까지 치솟았다고 한다. 집을 짓는 과정에서 가격에 가장 민감한 것이 철근이다. 원산지 표시는 철근 1.5m마다 철근에 각인이 되어 있고, 철근다발에 라벨이 붙어있다.

첫 글자는 국산 K, 일본산 J, 중국산 C, 다음은 회사명, 규격, 강도가 각각 철근에 각인이 되어있으니 확인하면 된다.

19mm는 1,008kg이고 가격은 ₩610,000~ ₩660,000원, 56가닥이다.

13mm는 955~941kg이고 가격은 ₩600,000~₩650,000원, 120가닥이다.

10mm는 가격과 무게는 13mm와 비슷하며 210가닥이다.

1T(톤)이라고 일률적으로 1,000kg이 아니다.

환율이나 금리에 따라 민감한 가격 변동이 있다.

봄이 되니 여기저기 공사가 많다. 그러다 보니 철근 값이 4월 초순에 오른다고 한다. 수요 공급의 법칙에 따르고 환율이나 구매시점에 따라 제일 탄력적인 것이 철근 값이다. "철근 구매계약을 해도 철근 값이 오르면 계약금을 돌려주고 물량을 맞추어 주지 않는다. 철근 값 모두를 현금으로 주고 물량확보를 해 두어라."는 지인의 조언을 듣고 "계약 위반 시 계약금의 2배를 받아야 하는 것 아니냐?" 반문했는데, 공사자재는 그렇지 않다고 한다.

몇 군데 전화를 걸었다. 가까이 있는 업체는 필요할 때 그때그때 물량을 운송비 없이 공급해 준다 했고, 다른 곳들은 입금이 되면 한꺼번에 물량을 공급해 준다고 했다. 봄이라 비가 많이 오지는 않겠지만 비를 맞으면 녹이 슬어 철근이 부식되면 강도가 급격히 떨어질 것을 우려했고, 여러 곳에 공사들이 한창 진행 중이라 도난의 위험이 있다.

가격은 한꺼번에 철근을 배송해 주는 곳보다 ₩20,000원 정도 비싸다. 35t을 계산하니 ₩700,000원의 가격차가 나지만 도난당할까, 녹이 슬어 강도가 급격하게 떨어질까 마음고생하기 싫어 가까운 곳과 계약을 했다. 사업자등록증과 주민등록증을 copy해 받았고, 계좌로 철근 값 전부를 입금했다.

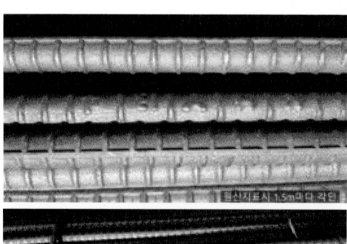

국산과 일본산을 납품받겠다고 계약서 상에 명기했다.

택지개발지구는 공사현장이 여러 곳이라 묻고, 가격을 비교하고, 협상을 하면 좋은 조건으로 납품받을 수 있다. 착공하기 전 인근 공사현장을 돌아다니며 음료수 사 들고 얼굴 도장 찍으며 다니는 것도 한 방법이다. 가르쳐 주지 않는다고, 불친절하다고, 자존심에 상처받을 필요 없다. 가르쳐 주지 않으면 "그래요." 불친절하면 "나는 저러지 말아야지." 반면교사 삼으면 그뿐이다.

4월 1일 철근이 들어왔다. 목수가 가져온 비닐로 철근을 덮은 후에 차량이 떠났다.

사인펜으로 철근에 체크 표시를 하며 개수를 세었다. 대략 맞는 것 같다. 그 과정에서 손가락이 철근을 스치며 베었다. 피가 철철 흐른다. 현장에 떨어진 목장갑으로 손가락을 묶었다.

'조심해야지.' 처음이라 혹 속이지 않았을까 염려해서, 무릎을 흙바닥에 대고 사인펜으로 일일이 체크하며 숫자를 셌다. 다음에는 세지 않아도 될 것 같다.

계약은 약속이고 약속에 대한 믿음이 있어야 한다. 그래서 무릎 꿇고 앉아 일일이 철근 가닥 수를 세었다.

철근작업과 전기 설비작업을 하고 콘크리트 타설을 하였다. 점심시간 현장관리인이 작업이 모두 끝났다고 한다. 콘크리트 갱생하면서 엄청난 열이 발생하고 갱생하는 데 시간이 걸린다. '내일 4월 5일은 집에서 탱자탱자 해야지.'

현장작업 목수, "레미콘 타설 시 철근, 콘크리트 무게가 많이 나간

다. 양생(굳는 시간) 동안 받치고 있는 장비를 써포트라고 하며, 공사기간을 단축하려고, 또는 건축자재를 떼서 다른 층에 사용하려고 너무 빨리 써포트와 합판을 떼어내면 안 된다.

보통 아파트는 3개 층을 받쳐 놓고 4층을 올릴 때 1층의 써포트와 합판을 떼어 4층에 사용을 한다. 너무 빨리 떼내면 나중에 크랙(균열)이 갈 수 있어 조심해야 한다."고 조언을 해 준다. 직영으로 건축하기로 계획을 잡고 공사를 하는 것이면 건축기간 여유를 갖고 튼튼하고 크랙(균열) 없는 예쁜 집을 짓는 게 좋다.

콘크리트 타설

콘크리트 타설하고 있으며, 덮어놓은 천막을 벗겨내고 철근을 배근하려고 절단하고 있다.

상
수
도

신
청

상수도 신청은 시청 상수도과에 건축주가 직접 급수공사 신청을 하면 된다. 건축허가서와 주민등록증을 가지고 가서 급수신청서를 작성하여 신청하면 되고 처리기간은 접수 후 7일~14일이다.

상가는 25mm 주택은 20mm로 신청했다.

공사 시작하면 바로 신청해야 한다. 공사를 시작하면 공사용수가 필요한데 가설수도는 잘 안 해준다. 이웃집에서 빌려 쓰기도 하는데 눈치 보이고 옆집 현장 소장님 불편한 소리를 해서 신경 쓰였다.

⊙ 주택 20mm

급수공사설계 수수료	₩6,460원
자재검사 수수료	₩6,460원
준공검사 수수료	₩6,460원
관급자재대	₩186,400원
공사비	₩460,400원
합계	₩666,180원

⊙ 상가 25mm

급수공사설계 수수료	₩8,500원
자재검사 수수료	₩8,500원
준공검사 수수료	₩8,500원
관급자재대	₩226,500원
공사비	₩623,940원
합계	₩875,940원

시흥시 상수도과에 납부했고 수수료 ₩6,000원씩 ₩12,000원 지불을 했다. 만약 40mm 이상일 때는 수수료를 ₩12,000원씩 납부해야 한다.

상수도과에 설치상담 → 상수도과 직원 현장답사 → 신청서제출 → 공사견적 고지서 받기 → 공사대금 입금 → 공사 시작 → 상수도 매설 및 설치 완료

상수도 신청을 하면 바로 공사를 해주는 것이 아니라, 한참 걸리기 때문에 미리 신청하는 것이 좋다. 대부분 도로 경계선 바로 앞에 설치를 하는데 계량기 위치를 정해 그 위치에 상수도 신청을 하면 된다.

각 세대당 고지서를 따로 나오게 해달라고 했더니 다세대주택이 아니라 안 된다 해서 상가용 상수도, 주택용 상수도 2개를 신청했다. 수도요금 고지서가 가정용, 상가용 2부 발부되고 사용료는 각 호실 고메다(계량기)를 달아 사용량만큼 지불하면 된다. 보통 상가주택이나 주거전용주택 계단에 스테인리스로 수도 사용량을 볼 수 있는 고메다(계량기)가 인입되어 있다.

전
기

신
청

4월 14일 아직 가설전기가 되지 않아, 옆집에서 빌려 사용하고 있다. 옆집 현장소장님 불편한 소리를 한다. 맘이 편치 않아 한전에 한바탕했는데 한전 직원 이현수 씨가 역지사지의 마음으로 상담해주니 괜스레 미안하다. 월요일 가설전기를 한전에서 연결해 주기로 했다.

태양이 바람을 이긴다. 쌩쌩 바람소리 냈는데 부드럽게 받아주니 미안했다.

한전 홈페이지에 이현수 씨 감사하다는 글을 올렸다.

바람처럼 살지 말고 햇빛처럼 사는 것 기분 좋은 삶이다.

기분 좋아야 행복한 삶이다. 일상의 소소한 즐거움이 행복인 것을.

건축공사기간 동안 사용할 전기선 인입을 위해 한전에 임시전기 신청을 해야 한다.

한전 불입금(표준시설 부담금)이라 불리는 전기인입 비용.

전기사용신청은 건축주 이름으로 전기업체가 하여준다. 주민등록증 copy, 건축허가서 건축주 통장 copy본이 필요하다. 고지서는 건축주 앞으로 발부된다. 지중인입 또는 지상인입이냐에 따라 가격이 달라지는데 택지개발지구는 거의 지중매설이다. 1층에 상가를 3칸으로 나눌 것이라 1칸에 5kw씩 3개, 주택은 3kw로 2가구와 계단, 화장실 공용전기 3kw로 총 가정용 3개 상가용 3개를 신청해 달라고 했다.

3kw를 신청하지만 5kw까지는 비용 없이 승압이 가능하다.

KEPCO에서 보증금 ₩100,000원(공사가 끝나면 건축주 통장으로 입금하여 준다. 그래서 처음 신청 시 건축주 통장 copy본이 서류로 들어간다), 상가용 ₩1,389,300원, 가정용 ₩1,852,400원의 고

지서가 발부되어 한전에 입금했다.

며칠 뒤 공사 중에 필요한 가설전기시설부담금 고지서가 청구되어 ₩189,730원을 납부했다.

민간건설공사 표준도급계약서로 전기공사업체와 골조계약 시 30%, 입신완료 시 50%, 등기구완료 시 20%의 대금 지불조건, 계약전력 5kw로 하지만 상가는 전력 승압을 할 때 20kw까지 승압해도 전선에 이상이 없는 제품으로 시공하는 조건, 전선 등의 제품은 꼭 KS 제품으로 시공하는 조건으로 계약서를 작성하였다.

한전에서 건축주에게 발부하는 비용, 인터폰, CCTV, 모든 등기구 등의 자재는 건축주 부담으로 하고 시공비용은 전기통신업체 부담으로 했다.

직
영
가
능
면
적

건설산업기본법 주택 660㎡, 주택 외 495㎡ 미만은 건설면허 없이 시공이 가능하다.

연면적(400㎡) 150평 이상이 되면 건설면허가 있어야 하며, 미만은 직영공사 가능하다.

2017년 12월 1일 시행 내진설계

2018년 6월 27일부터 시행 연면적 200㎡(60.5평) 초과 시 건설면허 필요하며, 이하는 건축주직영 가능하다.

2018년 9월 1일부터 시행

단열재 등급별 허용두께 건축물에너지 절감(단열기준) 강화

2017년 12월 12일 관련업계에 따르면 국회는 최근 본회의에서 건축주의 직접 시공 범위를 제한하는 내용의 건설산업기본법 개정안을 의결했다.

2018년 6월 27일부터 시행되는 이번 법안에 따라 무자격자에 의한 부실시공으로 하자가 생겨도 피해보상이 어려웠던 소규모 건축물의 '안전 사각지대'가 상당 부분 해소될 것으로 전망된다.

일부 지자체에서 시행하던 2018년 6월 27일부터 연면적 200㎡(60.5평)가 넘는 건축물과 다가구·다중주택은 건축주의 직접시공이 금지된다.

개정안은 주거·비주거용 모두 연면적 200㎡(60.5평)가 넘는 건축물에 대해 건축주의 직접 시공을 금지했는데 이는 2017년 12월 1일 시행된 내진설계 대상이 연면적 200㎡(60.5평) 이상으로 강화된 기준을 담고 있다.

또 기숙사와 같은 다중주택과 다가구주택, 공관 등 주거용 건물과

학교 · 병원 등 비주거용 건물은 면적과 상관없이 건축주가 직접 시공할 수 없다. 여러 사람이 이용하는 건축물은 규모가 작더라도 안전을 위해 전문 건설업자에 맡기자는 취지다.

지금도 아파트나 다세대주택 등 공동주택은 건설업자만 시공할 수 있는데 현행 규정은 주거용 건물은 연면적이 661㎡(200평) 이하인 경우, 비주거용 건물은 연면적이 495㎡(150평) 이하이면 건축주의 직접 시공이 가능하다.

일정 규모 이하 건축물에 대한 건축주 직영시공을 허용했던 것은 시공능력을 갖춘 개인이 직접 사용하는 소형 건물은 가급적 건축주의 자율을 존중해주려는 의도였다.

하지만 이런 소형 건물의 상당수가 실제로는 다중이 함께 이용하거나 분양 또는 매매, 임대의 대상인 데다 포항 지진 이후 안전성도 요구되고 있어 이번 법안 통과가 안전 측면에서 큰 효력을 발생시킬 것으로 예측된다.

실제 소형건축물의 경우 건축주가 직접 시공하겠다고 신고한 후 무면허업자(집장사)에게 하도급을 줘 시공하는 이른바 '위장 직영시공'이 대부분이다. 건축주가 부가가치세 · 소득세 등을 내지 않으려고 꼼수를 부린 것이다.

업계 관계자는 "실질적으로 시공능력을 갖춘 건축주가 거의 없어서 건물이 부실하게 지어지거나 하자가 생기는 경우가 잦은데 실제 이번 포항 지진에서 피해가 컸던 필로티 구조 빌라 등이 대부분 건축주 직영 시공"이라며 "내진 기준을 아무리 높이고 내진 외장재 규정을 강화해도 부실시공이 이어질 경우 아무 소용이 없다."고 지적

했다. 〈신문기사내용 발췌〉

건축주가 직접시공 할 수 없게 법이 개정이 되더라도 건축주가 건축에 지식이 있고 관심이 있다면 하자 없는 멋진 건물, 구조 좋은 건물, 하자가 났을 때 대처할 수 있는 능력을 갖추어 공실 없는 멋진 건물의 건축주가 될 수 있을 것이다.

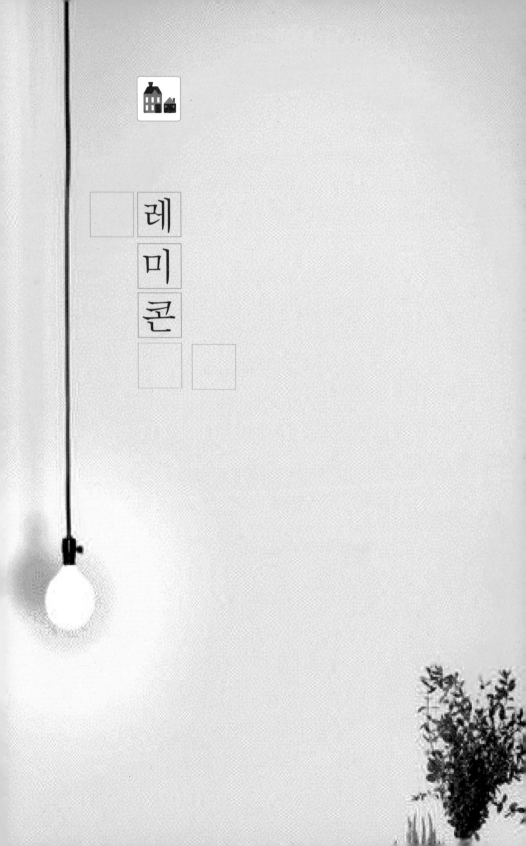

레
미
콘

철근을 감싸는 살(피복)이 레미콘이다. 레미콘은 콘크리트 제조 공장에서 시멘트에 모래와 자갈 골재 등을 적당히 섞고 물에 반죽한 혼합물이다. 굳지 않은 상태로 차속에서 뒤섞이며 현장으로 배달되는 콘크리트다. 내구성이 좋아 건축공사 구조자재로 사용한다. 피복(레미콘)으로 뼈(철근)를 감싸야 하는데 부위별로 기준이 다르다.

버림 콘크리트는 25-18-120을 주로 사용하고, 상가주택은 25-24-150을 주로 사용한다.

건축용어를 몰랐다.

m²(넓이의 단위 헤베) m³(부피의 단위 루베) 25-24-150

○ 처음 25는 골재크기로 2.5cm 이하

○ 가운데 24는 레미콘의 강도

○ 끝 150은 묽거나 된 정도(슬럼프)로 숫자가 클수록 질펀하고 숫자가 작을수록 되다.

버림 콘크리트는 25-18-120을 주로 사용한다.

레미콘 한 차는 6m³(루베)가 들어간다.

대략 320m³(루베)가 필요할 것 같다. 설계공부(설계도서)를 보면 대략적 예상이 가능하다. 손품 발품을 팔아 가격 비교를 해보고 선택하면 된다. 레미콘 회사에 먼저 ₩9,000,000원을 선입금했다. 금액이 입금되지 않으면 물량이 출하되지 않는다.

레미콘회사와 계약할 때 70%~90%까지 가격이 각각 다르다. 영업사원하고 밀고 당기기를 잘해야 한다. 또 일반사업자가 아니면 부가세 환급을 받을 수 없지만, 부가세는 납부해야 한다. 3월 30일 콘크리트 타설하는 날이다.

버림 콘크리트 25-18-120, 6㎥(루베), 6㎥(루베) 2번 들어왔다.

필요한 양은 9㎥(9루베)다. 레미콘차 1대가 6㎥(루베)이니 1대 반의 콘크리트가 필요하다.

이웃집이 콘크리트 타설을 하며 0.5㎥(루베)가 급히 더 필요하다며 현장관리인에게 양해를 구한 모양이다.

레미콘 1차 반의 분량이면 되는 것을 현장관리인이 건축주 의사를 묻지 않고 6㎥(루베)+6㎥(루베) 2차를 주문하고, 먼저 옆집 콘크리트 부족분을 채워 주고 난 후 우리 현장에 콘크리트 타설을 하였다.

현장관리자가 이웃현장에서 0.5㎥(루베) 값을 받으라고 해서 남편에게 무슨 소리냐 송장에는 6㎥(루베), 6㎥(루베) 2차 합 12㎥(루베)로 되어 있고, 선입금액에서 공제한 영수증을 받았는데……

왜 옆 현장에서 0.5㎥(루베)의 가격을 받느냐 물어보니 스토리가 그런 것이다.

은근 화가 났다. 내 현장에 필요한 콘크리트를 사용하고 남는 부분을 도와주는 것은 기분 좋은 일이다. 많지 않은 양이니 금액은 받지 않아도 된다. 하지만 이웃현장 부족분을 생각해서 우리 현장 물량을 늘려 주문하고, 그것도 이웃현장 먼저 타설한 후 우리 현장 타설하는 것은 왠지 바보 취급받은 것 같고, 기분이 몹시 나빴다. 또 남은 콘크리트를 옆 공터에 뿌려 버렸다.

뿌려버린 콘크리트는 공사 후 건설폐기물로 버리는 비용도 들어간다. 금액으로 계산하니 200,000원이 조금 넘는다.

우리는 더불어 살아가는 세상에 살고 있다. 내가 조금 손해를 보며 사는 것이 편하고 다툼이 없는 삶이다. 나이 들어간다는 것은 부드러운 눈으로 세상을 바라보는 것이고, 용서하는 마음이 커가는 것이다. 60살 가까운 나이인데 이해하고 더불어 살아가자, 마음먹었지만 현장관리인에 대한 섭섭한 마음은 어찌할 수 없다.

옆 현장소장이 빌려 사용한 레미콘값을 주지 않았고, 또 달라하기엔 좀……. 끝까지 받지 못했다.

레미콘은 2시간이면 굳기 시작한다. 이웃현장 먼저 타설한 것은 먼저 타설한 콘크리트가 굳기 전에 타설해야 하기 때문이었고, 남은 레미콘을 옆 땅에 뿌린 것은 뻘땅이라 비가 오면 질퍽해서 작업하기 편하게 하기 위해 일부러 뿌린 것이라 현장관리인이 해명 아닌 해명을 한다. 그래도 너무 많은 양이 버려졌다.

공사를 하다 보면 이웃 현장의 도움을 받을 일이 있다. 서로 도와주어야 한다는 것을 건축일 하며 알게 되었다. 현장관리인에게 불편한 맘 드러내지 않은 것은 잘한 일이다.

'생각은 많이 하고 행동은 천천히 해야지, 역지사지의 마음으로 살아야지.'

레미콘은 출하 후 2시간이 지나면 수분이 증발하고 양생이 시작되기 때문에 절대로 사용해서는 안 된다. 현장과 가까운 곳의 업체와 계약해서 주문해 써야 한다. 조건이 좋아도 도로 사정 등으로 먼 곳의 업체를 선택해서는 안 된다. 또한 송장을 꼭 챙겨서 확인해야 한다. 송장에 출하된 지 얼마나 되었는지, 도착시각이 언제인지, 골재 크기, 강도, 슬럼프(묽거나 된 정도) 등이 모두 체크되어 있다. 첫 장과 마지막 장 송장을 챙기면 물량 속는 일은 없다.

4월 18일 일기예보 비가 온다고 한다.

레미콘 일정이 잡혀 콘크리트 타설해야 하는데……. 걱정 또 걱정이 된다.

오전에는 맑게 갠 화창한 날씨였는데, 하늘이 어두컴컴 뿌옇게 흐려 있다. 내일 일기예보 날씨 맑음. 내일 하려고 했더니 안 된다며 다음 레미콘 예약하려면 10일 기다려야 한단다. 어쩔 수 없이 레미콘차 기다리고 있는데 후드득 후드득 빗방울이 떨어진다. 빗방울 소리보다 큰 소리가 가슴에서 난다. 제법 굵은 빗방울이 떨어진다. 레미콘이 빗물과 섞여 묽어지며 뚝뚝 떨어질까 봐 가슴이 조마조마하다. 타설 다 하고 나니 활짝 거짓말처럼 날씨가 맑아진다.

휴~ 올라붙었던 간, 심장, 쓸개들이 제자리를 찾아가고, 나는 집으로 씽씽~. 빨리 내일 현장에 가서 어찌 되었나 살펴야지. 오늘 밤 잠이 오려나.

아침 일찍 현장에 도착해보니 콘크리트가 단단하게 굳어 있고 날씨는 화창하다.

콘크리트 타설 마치자 거짓말처럼 날씨가 개었다.   93

조
경

문
의

4월 11일 구리에서 일패동으로 가는 도로변에 조경업체가 많다. 조경을 하려면 먼 훗날의 일이지만 미리 시간 있을 때 찾아가 조경 문의를 했다.

사철나무(남천) 추천, 연중 3회 약 살포, 편백나무는 북서쪽, 매실 대추 감나무 앵두 체리 추천, 복숭아는 벌레 때문에 안 된다고 한다.

교목(큰 나무), 상록교목(사철 푸른 나무), 주목(소나무), 낙엽교목(단풍나무, 은행나무), 스트로브잣나무는 금액이 저렴해서 교목 주목을 대체 식수한다고 한다.

관목(작은 나무), 철쭉 회양목 ₩2,000원씩 5개를 1다발로 팔고 있으며, 수양홍도화 ₩70,000원, 자두, 매실 등을 추천해 준다. 보통 ₩250,000원 정도 들여 조경을 하고, 준공 후 없애버리고 주차장으로 쓰는 분들이 간혹 있다며 지나가는 말로 한마디 한다.

갯벌을 매립해 택지를 조성한 신도시로 생태환경비율이 높아 조경에 많은 비용이 들었다. 뻘을 포크레인으로 퍼내고, 자갈 깔고 마사토와 모래를 넣고 땅 다지는 기계(콤팩타)로 몇 차례 땅을 다지고 조경 블럭 깔고 조경을 했다.

뻘
흙
처
리

4월 18일 화요일 흙을 처리할 예정이라고 현장관리인이 이야기해 주어서 4월 17일 월요일 배곧사업단에 흙 처리비용 보조해 달라고 찾아가려고 했는데 난데없이 일요일(4월 16일) 흙을 치우고 있다고 한다. "흙 필요하신 분 흙 무료로 드립니다. 25톤 트럭 20대 분량"이라고 인터넷에 띄웠는데 뻘흙은 모두 사양을 한다. 뻘흙을 받아주는 곳이 없다.

기반시설을 다 해놓으면서 뻘흙으로 성토를 하면 어떻게 하느냐 받아주는 곳이 없어서 처리비용이 많이 드니 처리비용 보조해 달라고 요구하려 했는데……

첫날 포크레인, 덤프차, 뻘흙 2대분 처리, 이번엔 뻘흙 처리비용이 만만찮다.

4월 16일 터를 파면서 쌓아두었던 흙 18트럭 1대당 ₩120,000원 차량비용 ₩600,000원 ₩2,760,000원을 들여 처리했다.

현장관리인 의욕이 넘쳐서 빨리빨리, 건축주 의사 묻지도 않고 얼마의 비용으로 처리되는지 말없이 너무 앞선다.

현장의 토지를 무심코 보았을 때는 몰랐는데 약간 경사가 있다. 설계사무소에서는 가장 낮은 곳에 "0"점을 두어 설계 도서를 작성했는데 현장관리인 상가가 살아야 한다며 기준점 "0"점을 건물 가운데에 두고 공사하여야 한다며 강력히 조언을 해서 기준점을 가운데에 두고 공사를 했다. 처음 상가는 지면보다 조금 높고, 가운데 상가는 지면과 같은 높이고, 마지막 상가는 지면보다 약간 낮은 듯하다.

공사 중에는 몰랐는데 옆 건물 공사현장 비계(아시바)가 떼어졌을 때 우리 현장 건물과 비교가 되었고, 견주어보니 우리 건축물 높이가 조금 낮다.

건물이 다 들어서면 우리 건축물이 왜소해 보일 것 같다. 또 비가 왔을 때 물매를 어떻게 잡아야할 지 고민이다.

처음으로 돌아가서 설계도면대로 제일 낮은 곳에 "0"점을 두고 건축했으면…….

어떻게 물매를 잡아야 할지 고민하지 않아도 되고 건축물 높이도 높아졌을 터인데…….

"1층 바닥을 조금 올려서 건축을 하지.", "반지하 같다." …… 건축하는 것을 보고 한마디씩 훈수를 둔다. 사공이 많으면 배가 산으로 올라간다.

아직 착공하지 않은 상태라면 얼마나 좋을까, 며칠만 과거로 돌릴 수 있다면 얼마나 좋을까, 아쉽고 가슴이 두근거리고 속상하다.

참고할 말들도 있지만, 훈수에 휘둘려 가슴 두근거리며 불편하다.

소신과 고집의 판단기준은 의견에 따른 진행 방향과 결정에 따라 결과가 잘되었으면 소신, 결과가 잘못되었으면 고집이다.

현장관리인의 고집에 맞서 도면대로 낮은 곳에 "0"점을 두어야 한다고 소신있게 주장할 것을…….

과거로 가는 길은 이 세상 어떤 지도에도 없고, 절대로 과거로 되돌릴 수도 없다.

안타깝지만 현실에 충실하자, 그것이 최선이다.

상가는 도로와 같은 높이가 좋지만 경사가 있을 경우 계단을 한두 칸 만들어 상가 출입을 하는 것이 좋다. 그래야 전체적으로 건물이 높고 시원해 보인다.

이미 결정된 일에 대해 뒤돌아보지 않기로 했다. 돌이키지도 못하는데 미련을 갖은들 무슨 소용 있겠는가. 공사를 진행하면서 매번 선택의 순간을 맞는다. 단순하게 선택하고 최선을 다해 노력하자. 마감할 때 4층 벽을 돌로 둘러 세워 전체적으로 건물이 높아 보이게 화장을 잘해야겠다. 위로와 격려는 마음에 평안과 기쁨을 준다.

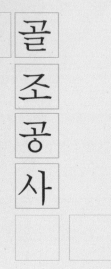

골조공사

건물신축에 가장 핵심은 골조공사다. 골조공사 과정에서 많은 비중을 차지하는 것이 목수다. 보통 허가면적의 ₩650,000 ~₩750,000원, 확장면적의 ₩350,000~₩450,000원을 지불하면 된다. 목수 비용은 건축면적에 따른 도급 공사 식으로 결정한다.

건설표준하도급계약서 양식을 사용하여 철근, 레미콘, 스티로폼(단열재)은 건축주가 지급하며, 이외 골조에 필요한 모든 것은 하도급업체(목수)가 부담한다.

1층 완공 시 30%, 2층 완공 시 20%, 3층 완공 시 20%, 옥탑 완공 시 20%, 자재철거 완료 시 10%의 대금을 지불하기로 하며, 산재보험·고용보험은 건축주 부담으로 하고, 근로자복지 재해보험은 하청업체가 자체 가입하기로 계약하고 주민등록증과 사업자등록증을 받고 계약금을 입금했다.

돈은 목수에게 지불하면 된다. 목수와 같이 온 인력들에게는 별도의 노무비를 지불하지 않는다. 목수와 같이 온 분들의 식사비, 인건비, 간식비, 음료수비 등도 신경 쓰지 않아도 된다.

도급으로 공사를 할 때는 계약이행증권을 받고 공사 후에는 하자이행증권을 받아야 공사 Risk를 최소화할 수 있다.

골조(뼈대)가 완료되고 잔금 지불할 때 주위 공사현장에서 뼈대는 하자가 날 것이 없다고 하여 하자이행증권을 받지 않았다.

형틀을 바닥에서 만들고 크레인으로 들어올려 틀을 고정한다.
건축공법이 날로 발전한다.

107

계단 밑 써포트 개당 1톤~1.5톤의 무게를 지탱한다. 다음 공정을 위해 너무 빨리 써포트를 제거하면 안 된다.

출입구 쪽 계단 밑은 완공 후 인테리어를 하여 상가에서 다용도(창고)로 사용하도록 하였다.

도시가스공사

도시가스 시설에 대한 하자보수 책임은 신청인과 시공업체에게 있다. 반드시 시공업체로부터 하자보수이행증권(2년)을 교부받아야 한다.

주택용 가스 사용시설의 경우 도로와 평행한 도시가스 사업자의 공급관 공사비는 도시가스 공급관에서, 수요자 토지 경계선까지의 인입 배관 공사 시 공급업체와 수요자가 각각 50%씩 분담하므로 공사 계약 시 공급업체의 분담금 50% 공사계약을 체결하면 된다.

가스공급을 요청하면 가스공급 전 안전점검을 실시하고 가스를 공급한다. 도시가스 계량기부터 각 세대까지 배관은 건축주가 부담한다. 도시가스시설업자에게 배관공사비, 지하관공사비, 아스콘복구공사비 등으로 ₩3,350,000원, 시설분담금 별도로 계약을 하고 계약금 ₩1,500,000원을 입금하고 시설분담금 ₩203,810원은 삼천리로 입금했다.

가스공사하고 파놓은 아스팔트 아스콘 작업해서 깔끔하게 마무리했다.

준공

준비

준공서류를 행정청에 접수하면 행정청은 준공에 필요한 검수 검사를 하며 특별한 문제가 없으면 준공서류 접수일로부터 14일 안에 사용승인이 나게 된다. 사용승인이 나면 한 달 안에 취등록세(원시취득)를 납부하고 보존등기 하면 된다.

배수필증, 통신필증, 가스공급확인서, 감리의 현장조사·검사·확인작업 등의 자료를 준비하고 주차표시란 및 주차라인 등이 들어간 사진자료를 마련해 두고 조경도 기준에 맞추어야 한다.

모든 서류는 준공검사 관련서류에 첨부한다.

구분	처리기간	근거법령
배수설비 준공검사	5일	하수도법 27조 및 동법 시행령 제22조
개인하수처리시설 준공검사	5일	하수도법 제37조 및 동법 시행규칙 제30조
지적공부의 변동사항 등록시청	–	측량 · 수로조사 및 지적에 간한 법률 제64조
승강기 완성검사	15일	승강기시설 안전관리법 제13조 동법 시행규칙 제15조
보일러 설치검사	7일	에너지이용 합리화법 제39조 및 열사용기자재 관리규칙 제39조
전기설비의 사용 전 검사	7일	전기사업법 제63조 및 동법 시행규칙 제31조 제5항
정보통신공사의 사용 전 검사	14일	정보통신공사업법 제36조 및 동법 시행령 제35조 정보통신공사업법 시행에 관한 방송 통신위원회 규정 별지 제27호 서식
도로점용공사 완료확인	7일	도로법 제38조 및 동법 시행규칙 제22조
개발 행위의 준공검사	7일	국토의 계획 및 이용에 관한 법률 제62조 및 동법 시행규칙 제11조
도시계획시설사업의 준공검사	15일	국토의 계획 및 이용에 관한 법률 제98조 및 동법 시행규칙 제17조
수질오염물질 배출시설의 가동개시의 신고	5일	수질 및 수생태계 보전에 관한 법률 제37조 동법 시행규칙 제46조
대기오염물질 배출시설의 가동개시의 신고	즉시	대기환경보전법 제30조 및 동법 시행규칙 제34조

오수·우수관시공

오수·우수

오수·우수관시공

방수

베란다, 화장실, 버림 콘크리트 부분의 외벽 등은 미장이 방수를 해주지만 방수는 과해도 무방하며, 꼼꼼하게 덧칠했다고 손해 볼 일 없다. 건축을 잘 모르니 방수는 과하게 하는 것이 훗날 안심하겠기에 고쫘스 2말을 사다가 붓으로 꼼꼼하게 칠하고 덧칠하고 또 덧칠했다. 고쫘스를 바르고 며칠 있으니 외벽은 단단한 석재 같은데 내부 베란다 화장실 바닥은 끈적거려서 신발을 비닐로 씌우고 비닐에 식용유를 묻혀가며 덧칠했는데, 그런데도 끈적거려 고쫘스 칠한 부분이 떼어질까 조심했고, 후에는 모래를 뿌려가며 덧칠한 후 타일 시공을 했다.

옥상 방수는 미장이 물 뫼를 잘 잡아주었다.

남편과 페인트 가게에서 하도, 중도, 상도의 페인트와 롤러 3개, 붓 3개(하도, 중도, 상도 각 1개씩)를 구입했다.(₩280,000원~ ₩350,000원)

실금이 있으면 갈아내고 실리콘작업을 한 뒤 작업을 해야 한다. 배수구에 테이프를 붙이고 신문을 말아 배수구를 막고 바닥을 깨끗하게 청소한 후 1차 우레탄 하도를 발랐다. 하도는 본드 역할을 한다. 하도를 바르니 바닥이 반짝거리며 꼭 겨울에 얇게 살얼음이 언 것같이 투명하다. 하루 말렸다가 중도를 발랐다. 3mm로 하려면 57㎡(1.75평) 기준으로 1말, 1mm로 하려면 115㎡(3.5평) 기준으로 1말, 욕심을 내서 두껍게 발랐는데 다음 날 개미 눈물만 한 뽀글이 방울(기포)이 몇 군데 생겼고 날아가던 잠자리가 독한 방수제에 기절했는지 죽어있다.

"방울(기포)이 생기면 큰일 난다." 페인트 가게 주인장이 겁을 많이 주면서 "뜨거우면 기포가 생긴다. 그러면 도려내고 실리콘 작업을 하고 다시 방수하여야 한다."고 조언을 해주었다. 뽀글이 방울(기포) 두서너 군데와 잠자리 기절한 곳을 헤라를 사용하여 떼어냈다. 비닐장판처럼 잘 떼어진다. 실리콘작업은 하지 않고 남아있던 중도를 다시 꼼꼼하게 칠하고 이틀 있다가 상도(회색)를 칠해 옥상 방수를 했다.

상도는 햇빛차단제 역할을 한다. 관리를 잘해 주면 방수 수명은 건물 수명이 다할 때까지 갈 수 있다. 3~5년 주기로 전체에 상도코팅을 해 주는 것이 방수 수명에 필수다.

외벽방수 화장실, 베란다 방수 고꽈스로 몇 번 덧칠함. 방수는 과한 것이 더 좋다.

옥상방수
하도 꼭 니스같음
중도 바른후 상도(코팅)
마무리함 에어컨배관 옥상으로 뽑아놓음

목

문

4월 10일 컨테이너 부스로 문짝 영업사원이 방문을 하였다.

요즈음 보통 ABS도어로 설치한다. ABS도어는 수분에 썩지 않도록 합성수지로 찍어낸 도어다. 습기에 강해 변형이 없고, 가격도 착하고 가볍다. 색상, 디자인은 취향에 따라 선택하여 인테리어 효과를 줄 수 있다.

주인세대는 비싼 값의 원목으로 설치한 경험이 있다. 고급지고 좋은데 물에 약하고 무겁다.

보통 화장실문은 ABS로 나머지는 목문으로 하지만, 이번에는 모두 ABS도어로 하려고 한다.

목문은 직접 물에 닿지 않는다면 오래 사용하고 고급스럽다.

ABS문은 1set에 ₩250,000원이고, 좀 더 비싼 것은 ₩350,000원 선이라 한다.

앞으로 컨테이너 부스로 많은 영업사원들이 방문을 할 것이고 가격과 제품을 비교해서 결정해야겠다.

문틀을 설치한 후 다른 공정의 작업자들이 드나들며 작업이 이루어지기 때문에 꼭 보양을 해야 한다. 보통은 문틀 설치 시 보양이 되어있으나 떨어져버릴 수 있으니 테이프로 꼼꼼하게 덧붙여 체크해주는 것이 좋다.

문틀을 세울 시, 문짝 시공팀이 들어와 수평과 수직을 맞추고 문틀(공틀)을 세운다.

문을 다는 시공비용은 별도다. 개당 ₩12,000원~₩15,000원, 쓰리연동도어는 2짝 값을 받고, 2짝 도어는 1짝 값의 시공비를 받는다. 문은 앞으로 밀고 들어가게 시공한다.

내장목수 모두 각 3팀이 들어온다.

문짝시공팀, 목공팀, 떡가베팀.

계단밑에 공간을
상가에서 사용할수있게 시공함

뻐꾸기창 아래 층고 높아 활용도가 좋다

떡가베

떡가베(벽) 공사는 벽체공사다. 떡처럼 찍어 바른다는 뜻이다. 석고와 접착력을 주기 위해 접착제를 군데군데 바른 뒤 석고를 붙인다. 곰팡이와 방수효과가 있다고 해서 외벽과 내부벽 모두 떡가베로 석고보드를 붙였다. 외벽과 내벽 모두 떡가베로 석고보드를 붙였더니 떡가베 친 만큼 내부공간이 약간 줄어들었다. 보통 외벽은 떡가베를 치고, 내벽은 미장을 곱게 한 후 도배로 마감을 한다.

인건비 ₩2,000,000원

떡가베 스티로폼 붙어있음

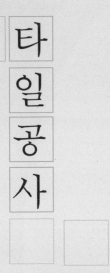

타일공사

계단타일이 떨어지고 다른 부분이 또 떨어지고 했던 경험이 있어 타일 시공업자는 꼭 꼼꼼한 전문가에게 의뢰를 해야겠다 마음을 먹었다. 공사현장을 계속 돌아다니며 타일 시공 작업 상황을 살폈다. 그러다 믿음이 가는 타일공이 눈에 띄었다.

부부 타일공이다. 보조 한 명과 손발을 맞춰 제법 꼼꼼하다. 우리 현장 타일시공을 부탁했더니 일정이 빡빡하게 잡혀있어 어렵다고 한다. 공사기간이 길어지더라도 기다릴 터이니 시공일정을 잡아달라고 떼를 써서 공사일정을 잡았다.

비용이 저렴하지 않았지만 꼭 부부 타일업자에게 맡기고 싶다. 다른 공정을 타일공정에 맞추어 작업일자를 늘려 잡거나 좁혀 잡고 타일 시공 일정에 모든 작업일정을 맞추었다.

화장실 바닥과 벽, 베란다 바닥, 계단 벽, 현관 바닥은 같은 공법으로 시공하고 주방 벽은 접착제로 시공한다. 주방 타일이 붙여질 부분은 주방가구 업체에게 위치를 벽면에 표기해 달라고 하였다.

계단 벽과 벽이 만나는 곳에 코너스텐(스테인리스), 유가(화장실 바닥 배수구 거름망), 화장실 세면대 위에 칫솔, 치약, 컵 등을 올려 놓을 수 있는 젠다이 부착 등의 작업이 끝나고 바로 설비업자가 들어와 양변기, 세면기, 거울, 휴지걸이, 소변기(배터리센서), 액세서리 등을 시공해 주었다.

타일 등은 넉넉하게 주문했고 남으면 반품 조건으로 계약하고 훗날 보수할 것을 대비해 조금씩 보관했다.

벽타일은 유광으로 바닥타일은 무광으로 하는 것이 좋다. 설비시공 시 벽 배관을 하였으면 세면대 다리가 짧은 세면대를, 바닥배관을 하였으면 세면대 다리가 긴 세면대를 시공한다. 예전엔 긴 다리 세면대가 대부분이지만 요즈음 아파트나 오피스텔은 짧은 다리 세면대로 깔끔하게 한다. 화장실 천정은 타일시공업자가 해주지 않고 천정만 전문으로 하는 업자가 있다.

1층 화장실 천장은 평천장으로 나머지는 돔천장으로 천장에 매립등 2개씩을 달았고 개당 시공비용을 지불했다.

샤워부스는 부스만 전문으로 하는 업자에게 개당 비용으로 시공하였다.

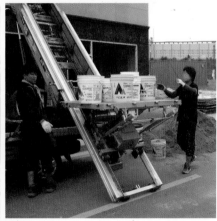

도
장
공
사

타일과 바닥시공이 끝나면 베란다, 벽 부분, 계단천정 부분, 상가 내벽에 도장을 한다. 무늬코트를 해도 좋지만 곰팡이, 결로 때문에 탄성코트도 많이 한다. 베란다는 가끔씩 환기를 시켜 보송보송하게 집 관리를 해주면 좋다.

계단 무늬코트의 장점은 가격이 저렴하고 몇 년 지나 더러워지거나 환경을 바꾸고 싶을 때 다시 무늬코트를 하여 깨끗한 계단실을 꾸밀 수 있고 위험하지 않다.

계단 타일시공을 하면 건물의 퀄리티가 좋다. 그러나 무늬코트보다 가격이 비싸고 겨울에 탈착 우려가 크다. 또한 잘못 시공되었을 때 몇 년 지나 타일 벽의 배가 불러와 떼어내고 다시 시공을 해야 한다. 부분 시공하고 나면 또 다른 쪽 타일벽 배가 불러올 수 있다. 타일이 떨어지면서 지나는 사람 머리에 떨어지기라도 하면…….

떨어지는 타일은 흉기가 될 수 있다. 9년 된 집 타일을 계속 부분 보수하다 너무 무서워 모두 떼어내고 재시공했다. 철거비용, 폐기물비용, 보양비용, 재시공비용까지 엄청난 비용이 들었고, 마음고생이 심했다.

도장 공사하고 나면 환기를 꼭 해야 한다. 페인트작업을 하고 남은 페인트는 꼭 밖으로 내놓아야 한다.

유성페인트를 칠한 후 현장에 빈 통을 두었을 때 지나가던 사람이 던진 담배꽁초에 불이 붙어 집을 몽땅 태우는 일이 발생할 수도 있다. 밀폐된 공간에서 페인트 작업을 할 때는 꼭 환기를 하면서 작업을 해야 한다.

뻐꾸기창

다른 현장의 뻐꾸기창 있는 건물에 올라가 보았다. 뻐꾸기창 있는 곳은 층높이가 높아 활동이 편했다.

설계사무실과 협의하여 창문 2개를 뻐꾸기창으로 바꾸어 시공하기로 했다. 감리는 준공도면을 고쳐서 준공검사 받으면 된다고 하였다.

4층 형틀을 잡기 전에, 옥상 결로와 단열 완전하게 하려고 일반스티로폼보다 품질이 좋은 15T(㎝) 스티로폼 아이소핑크를 안쪽에 댔다. 두께 때문에 천정 층높이가 낮아 효용가치가 없다. 많이 기대했는데…….

4층 보일러 설치할 수 없고, 출입문 설치도 할 수 없다. 건축비용은 많다.

아예 4층옥탑 박공지붕으로 건축해야 하는 조항도 없애고 평슬라브를 치고 3층까지만 건축하라고 했으면 좋겠다. 경제적으로도 실용적인 면에서도 불합리하다.

다음 날 현장 목수에게 천정이 너무 낮은데 어찌하면 좋을지를 의논했다. 목수는 단번에 외부단열도 괜찮으니 아이소핑크 스티로폼 위에 비닐을 깔고 합판을 댄 뒤 철근작업을 하고 레미콘 타설을 한 뒤에 콘크리트가 굳고 나서 아이소핑크 스티로폼을 떼어 내면 15㎝ 층 높이가 높아지며, 레미콘 타설한 위에 외부 단열을 하면 된다고 명쾌하게 답변을 해준다.

목수 조언대로 작업을 진행하여 철근작업까지 마쳤는데, 설계사 헐레벌떡 뛰어와 옥상 층고 높이 가중평균 높이 때문에 한쪽 면을 완전히 3층 바닥면까지 낮추어 시공해야 한단다.

철근을 깔았는데 깔아놓은 철근을 다시 바닥까지 낮추어서 깔아야 한다. 현장소장은 화가 난다며 애먼 작업자들에게 화를 내고, 자재 쾅쾅 던지고……. 작업자 힘든 것 안다, 나도 맘이 아프고 가슴에서 열이 난다.

설계사가 하루 전에만 이야기해도 작업자들이 힘들지 않았을 텐데…….

상량식 비용이라 생각하고 봉투를 준비해 작업자들의 화를 잠재웠다. 그래도 준공에 차질 없도록 달려와 준 설계사를 미워하지 않아야지.

하늘에서 폭우가 쏟아진다. 섭섭하고 화나는 맘을 폭우에 씻어버렸다. 이런 날은 돌아가신 어머니가 많이 보고 싶다. 나도 먼 훗날 생을 마감하고 어머니 만나는 여정에 오를 것이다. 어머니 날 알아봐 주시면 좋으련만 천상병 시인의 시처럼 소풍 끝내는 날 어머니께 돌아가 멋진 집 짓고 아름답게 살았다 말해야지.

타설한 레미콘이 마른 뒤 아이소핑크 스티로폼을 떼어냈다. 비닐을 깔고 레미콘 타설을 했기에 스티로폼이 쉽게 떨어졌다.

현장관리인이 옥탑 층높이 가중 평균 때문에 바닥의 높이 "0"㎝가 되어야 하니, 구석에 있는 스티로폼을 모두 떼어내야 한다고 하여 남편이 몇 날 며칠 장비를 사용해 스티로폼을 떼어냈지만 구석에 있는 것은 도저히 뗄 수가 없다.

현장관리인은 토치를 이용하여 불로 태워야 한다고 했고 남편은 불을 붙이기 전 시험을 해보자 했는데 작업자를 시켜 산소통을 갖다 놓고 스티로폼에 불을 붙였다. 현장관리인이 비싼 아이소핑크라 불

내부 스티로폼떼냄
천정층고 15 cm높아짐

이 붙지 않을 것이라 생각했단다.

갑자기 검은 연기가 피어오르며 불이 났다. 뚫린 창들로 시커먼 연기가 한없이 피어오르며 불이 났다. "불이야, 불" 현장 수도꼭지에 호스를 연결해서 옥상에 뿌리고 다른 현장 수도에서 물을 받아 4층

으로 들어 날랐다.

　3층에서 4층으로 올라가기 위해 바닥에 낸 창구멍을 두꺼운 합판으로 막아 놓았는데 연기 때문에 바닥이 컴컴하여 하마터면 불을 끄던 작업자가 바닥 창구멍에 빠져 불상사가 날 뻔했다.

　항상 현장은 위험이 도사리고 있다. 위험한 곳은 언제나 안전하게 대비를 해야 한다. 남편은 공정이 끝날 때마다 하지 않아도 될 청소를 꼭 해서 현장이 항상 깔끔했고, 위험한 장비들은 구석에 치워 놓았기에 다치는 사람 없이 불을 끌 수 있었다.

현장관리인은 열심히 청소하는 남편에게 한꺼번에 해도 되는데 먼지 일으키고 청소한다며 핀잔을 했는데 그 남편 덕에 부상을 당한 사람이 없으니. "휴~."

바닥은 꺼먼 검댕이 물로 찰방거리고 천정 벽은 까맣게 검댕이들이 들러붙어 있고 그을려있다. 누가 신고를 했는지 빨간불자동차 경찰차가 줄줄이 들어온다. "건축주가 누구냐?" 겁이 났다. "접니다." "현장관리인은 누구냐?" 현장관리인이 "접니다." 답했다.

소방관도 경찰관도 신축공사 현장이 너무 깨끗하다며 조서를 작성하고 서명하라고 해서 서명을 했고 벌금이 나올 것이라 하며 돌아갔다.

앞으로 또 가슴 두근거릴 일들이 있으면 어찌할까? 어찌하나? 그래도 시간은 흐를 것이고 그러고 나면 튼튼하고 잘생긴 놈이 탄생되

겠지. 아이 가진 엄마의 마음이다.

벌금보다 현장에서 다친 사람 없이, 건물 파손 없이, 무사한 것에 감사 또 감사를 한다.

바닥에 찰방거리는 검댕이 물을 쓰레받기로 퍼내고 고무장갑을 끼고 수건으로 닦고 또 닦아내면서 고생이 많았다. 공사가 끝나 입주한 지금도 손가락 마디마디와 손목이 많이 아프다.

6월 15일 현장관리인이 컨테이너 부스로 찾아왔다. 현장관리인 건물은 뻐꾸기창 6개를 뚫어 마치 한 개 층이 더 있는 것같이 건축했는데, 누가 시에 민원을 넣었는지 시에서 현장관리인 건축현장으로 찾아와 4층 뻐꾸기창 2개를 뜯으라고 한다. 마무리한 지붕징크를 뜯어내고 이중으로 시공한 창호를 뜯어내고 뻐꾸기창 2개를 없애는 공사를 하며 마음고생을 한다.

참으로 다행인 것은 우리 현장은 뻐꾸기창이 2개로 준공서류 접수할 때 준공도면을 변경해 접수하면 괜찮다고 하였고, 더 다행인 것은 4층 옥탑 바닥까지 내려온 부분에 불이 붙어서 그쪽 면만 탔다. 바닥까지 내려온 부분이 아니었다면 건물 외벽전체 콘크리트 시공할 때 같이 붙여서 시공한 스티로폼에 옮겨 붙었을지도 모른다. 제천사우나 건물처럼.

그 후 현장관리인이 "건물 완공되면 받기로 한 잔금 받지 않겠다." 하며 현장에 오지를 않았고 남편과 마무리하면서 무지 애를 먹었다.

현장관리인 건물 시에서 뻐꾸기창
떼라해서 2개 떼냄 맘고생 많았음

스
티
로
폼

4층 천정 안쪽에 대었던 스티로폼을 떼어내고 외부에 뿌리는 단열재(화이트폼)로 시공하기로 하고 4층 안벽에 붙였던 스티로폼도 모두 떼어냈다.

4층에서 스티로폼 한 장을 비스듬하게 아시바(비계)에 걸치고 버려지는 스티로폼을 미끄럼 태워 1층 바닥에 떨어뜨렸다.

스티로폼 납품업체에 전화를 해서 온전한 것과 파손된 것이 있는데 도와달라 했더니 흔쾌히 도와준다 하여 온전한 것은 중고 가격으로 되받아 주는 것으로 알았는데, 운임 6만 원만 빼준다기에 조금 더 깎아달라 하여 운임 2배만큼(₩120,000원) 뺀 가격을 입금하기로 했다.

층높이가 높아져 기분 좋게 입금할 터이니 떼어낸 스티로폼 모두 실어가 달라고 했다. 파손이 덜 되고 깨끗한 스티로폼을 거의 다 실었을 때 스티로폼 가격 완납을 했는데 그게 실수다.

나머지는 다음날 가져간다며 가 버린 후 파손된 스티로폼은 가져가지 않고 전화도 받지 않는다. 다른 사람 핸드폰으로 전화를 했더니 가격을 깎았다며 큰소리를 친다.

처음 아이소핑크 스티로폼 중고를 저렴한 가격으로 납품해준다고 해서 거절했는데…….

현장에서 사용했지만 새 것 같은 중고라 가격을 많이 감해줄지 알았는데 운임 ₩120,000원 감해주고 가격을 깎았다며 큰소리를 친다.

현장에서는 공사 또는 원자재 납품 및 처리가 깔끔하게 마무리된 후 대금 지불해야 한다는 것을 아프게 경험했다.

징
크
시
공

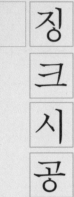

외벽 공사가 끝나면 지붕공사를 한다.

예전엔 지붕마감재로 아스팔트슁글을 많이 사용했지만 지금은 건축자재가 많이 발전하면서 기능성, 경제성, 심미성, 외장재(석재)와 어울림 등으로 징크를 많이 시공한다.

건물 전체 4개 면을 석재로 시공했고, 시공이 끝난 뒤 징크시공했다. 옥상 내부 단열재 아이소핑크 스티로폼을 떼어냈고, 지붕콘크리트 위에 쇠파이프로 뼈대를 잡은 후 뿌리는 단열재(화이트폼)를 쏘고 합판 시공을 한 후 방수 시트지를 깔고 징크로 마감을 한다.

합판은 빗물에 취약하므로 꼭 방수 시트지를 깔아야 한다. 외장재(석재) 주문 후 15일 정도의 시간이 흘러야 석재가 입고되는 것을 알지 못해 부득이 공사기간이 늘어났다.

올해는 유난히 국지성호우가 심했고 일기예보가 잘 맞지 않았다. 쇠파이프로 뼈대를 잡은 후 화이트 폼 시공자가 들어왔다. 화이트 폼이 날릴 수 있다며 더운 여름날에도 넓게 천막을 치고 천막 안에 기계를 가지고 들어가 폼을 쏘았다. 폼을 쏘는 작업자들은 무좀에 걸려 산다고 한다. 더운 여름에도 안전화 신고 천막 속에 들어가 폼을 쏘기 때문이란다. 직업병이다. 폼을 만져보니 꼭 스펀지 같다. 다음 날 일기예보 맑음, 그 다음날 흐리고 비 올 확률 60%라는 일기예보다.

징크시공팀이 아침 일찍 들어왔다. 화이트폼 위에 합판을 깔았지만 다음 날 비가 온다는 일기예보 때문에 일을 빨리 마무리할 것이라며 징크시공팀 6명이 현장에 들어온다고 하였다. 그런데 6명이 아닌 2명의 시공자만 왔다. 바로 인근 현장에 하자 부분이 있어 보수하고 3~4명이 합류해서 합판을 깔고 방수시트까지 오늘 다 마무리할 테니 염려하지 말라고 한다. 오전에 시공하는 2명 이외에 다른 시공 팀이 들어오지를 않는다.

계속 전화로 독촉을 해도 2명만 시공을 한다. 일이 더디다. 내일 비가 온다고 하는데, 하늘이 어두운 것이 영 불안하다.

2명이 열심히 합판을 깔았지만 비가 한 방울씩 떨어진다. 빨리 방수 시트 작업을 해야 하는데……. 방수시트 작업을 마치지 않았는데 제법 굵은 빗방울이 떨어진다.

옥상 지붕이라 무서워 올라갈 엄두가 나지 않는다. 이럴 때 텐트라도 쳐서 지붕을 감싸야 할 텐데 어찌하나 발을 동동 구르며 전화를 하니 합판을 덮었고 시트작업을 하였다고 하니 비가 와도 염려할 것 없다고 한다. 그게 아닌데…….

합판이 비를 맞으면 빗물에 불어서 틀어질 것이고, 합판 밑에 화이트 폼이 물을 먹으면 어쩌나 걱정을 많이 했는데……. 아니나 다를까 저녁에 쏟아지는 비가 다음날 또 다음날까지 쏟아졌다. 장마도 아닌데, 비가 그친 후 옥상에 올라가니 뜨거운 날씨 때문인지 나무에서 옥수수 삶은 냄새가 기분 좋게 난다.

방수시트가 붙어있지 않은 곳의 나무를 보니 검은 점이 점점이 있다. 조심스럽게 방수시트를 떼보니 시트지에 덮여 있는 합판도 빗물에 색이 변해 있다. 합판을 떼어내고 폼에 구멍을 내고 손을 집어넣으니 물이 느껴진다.

폼을 떼어내 짜보니 스펀지처럼 폼이 물을 머금고 있다. 징크시공업체에 현장상황을 알렸더니 폼은 마를 것이고 괜찮다고 한다. 스펀지가 물을 품고 있을 때 햇빛에 말린다 해도 속까지 바짝 마르지 않을 것인데…….

화이트 폼 시공업자를 불러서 어찌하면 좋을지를 물었다. 햇빛에 말리더라도 한 달은 족히 걸린다고 한다. 징크시공업체는 괜찮다며 썩은 합판 위에 시트지를 덮고 징크시공을 해도 무방하다며 작업을 하려고 해서 징크시공업체에게 쓴소리를 했다.

"비가 올 것을 대비해서 시공을 해야 되지 않느냐? 단열재 모두 제거하고 다시 합판시공을 해야겠다. 단열재 떼어 내는 비용과 다시 단열재 시공하는 비용은 건축주가 부담을 하겠으니, 징크시공업체도 고통 분담을 하여달라."고 했다.

콘크리트 바닥에 달라붙은 단열재를 제거하는데 2명이 이틀에 걸려 떼어냈고, 방수시트가 붙어있는 썩은 합판과 폼 제거를 한 쓰레기양이 엄청났다. 처리 비용은 또 왜 그리 많이 들던지…….

방학 때 아르바이트를 하며 힘든 둘째 아들과 남편이 시트지 붙은 썩은 합판과 단열재 떼어낸 엄청난 쓰레기를 부대에 담아 옥상에서 1층으로 던지면서 몸살까지 났고, 아래서 지켜보는 나는 무거운 쓰레기 무게에 못 이겨 쓰레기와 함께 옥상에서 1층으로 떨어질까 조마조마하게 지켜보며 가슴 졸였다. 아들 키운 보람이 있다.

공부만 하는 첫째 아들은 그건 내가 할 일이 아니다. 전문가에게 의뢰해서 처리하라며 제 일만 하고, 둘째 아들은 팔 걷어부치고 아빠 사고 날까 뒷발에 무게중심을 두라며 훈수까지 두면서 열심이다. 같은 자식이라도 이렇게 다를 수가……. 가끔 말썽 피우며 막내티 내는 둘째가 든든하고 대견하다.

7월 언제 비가 올지 모른다. 일기예보도 정확하지 않다. 남편과 천막 파는 곳을 돌아다녔다. 인터넷을 검색해 주문을 한다 해도 며칠 걸릴 것이고 텐트가 약해 비가 와서 찢어진다면 또 합판이 물을 먹을 것이고 해서 천막 텐트 파는 곳을 돌아다녔다.

건설현장용 천막 10m×10m=₩26,000원, 비바람이 많이 불면 금방 찢겨질 것 같다.

캐노피천막 10m×10m 3장을 샀다. 가격은 많이 비싸지만 웬만한 비바람에 끄떡없을 것 같다. 무게도 꽤 무겁다. 비바람에 천막이 펄럭거려 날아갈 수도 있고, 쇠파이프 이음부분이 날카로워 여러 번 맞닿으면 찢겨질 수도 있다.

초록색 테이프를 가지고 옥상 지붕에 올라갔다. 발이 후들거리지만 올라가 앉으니 편안하고 무섭지 않다. 남편과 쇠파이프 이음 부분을 초록 색테이프로 꼼꼼하게 붙였고, 목 부분이 탱탱하지 않는 양말들을 모아 모래를 담아 줄로 묶었다.

징크시공을 하다 비가 오면 천막을 포개어 덮고 날아가지 않게 모래를 넣어 줄로 이은 양말을 천막 위에 던져 놓아 천막이 날아가거나 펄럭이지 않게 하려고 수십 개를 만들었다.

모래주머니는 합판을 다치게 하지 않을 것이고 무게 때문에 천막이 날아가는 일이 없을 것이다.

합판을 덮고 방수 시트를 덮었는데 다음 날 또 비가 온단다. 징크시공팀에게 천막 세 개를 덮으라 부탁하고 모래 채워 넣고 줄로 연결한 양말덩어리를 천막에 얹어 달라 부탁을 했다. 다음날부터 엄청 많은 비가 왔고 비가 그친 며칠 후 징크시공팀이 들어와 천막을 걷고 방수시트 위에 징크 작업을 해서 지붕을 마감했다.

149

떼어낸 합판 시트지 밑으로 던지고있음
아들 뒤로 무게두어야 떨어지지 않는다고
아빠에게 훈수함

징크 재시공
히든트폼 작업자

비 오려해서 천막으로 덮고있음
연 이틀 비가 많이왔음

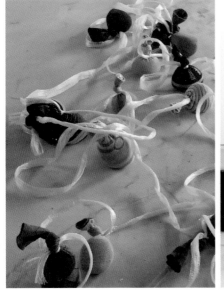

지붕공사 끝나면 아시바 뗌

153

방
산
시
장

6월 26일 배곧에 가려고 5시 50분 차 시동을 걸었다. 일기예보 비 올 확률 100%.

을지로 방산시장으로 갔다. 씽크대, 타일, 붙박이장, 전구(조명) 견적을 받았다. 타일(계단, 벽) 시공 인건비, 평당 ₩5,5000원~ ₩6,5000원, 타일 OEM방식이 아닌 Made in korea 제품은 중국산보다 평당 ₩5,000~₩6,000원 비싸다. 메이커가 비메이커보다 5~6만 원 비싸다. 전등 LED, OEM 방식으로 나온 제품들이 80% 이상이다. 우리나라 경제가 걱정된다. 그러다 중국에 잠식당하는 것은 아닌지 우려된다.

외장재인 석재도 순수한 국산이 별로 없다. 중국 수입석을 사용하는 곳이 많다. 그래서 발주를 넣으면 보통 1~3주 기다려야 한다. 그것을 모르고 3~4일 전에 계약했더니 15일 이상이 걸려 공사현장을 손 놓고 있다.

공사현장에 쓰레기를 포대에 넣어 쌓아두었더니 너도나도 갖다 버려 산더미가 되었다. 뼈대만 올라가서 페인트 사용한 일이 없는데 초록색 페인트통, 붓, 안전모, 박스에 유리 깨진 것, 건축폐기물 등 어마무지하다. ₩600,000원을 들여 처리했더니 속이 후련한데 슬슬 걱정이 된다. 또 투기할까 밴드와 카페에 이웃분들 쓰레기 지킴이 부탁드려요 글을 올렸더니 순식간에 댓글과 조회 수가 늘어난다. 가슴이 따뜻해진다.~

부자는 10원짜리 하나도 허투루 쓰지 않고, 빈자는 그까짓 거 푼돈 아껴 뭐하냐며 그냥 쓴다. 거대한 배가 침몰하는 것도 작은 구멍

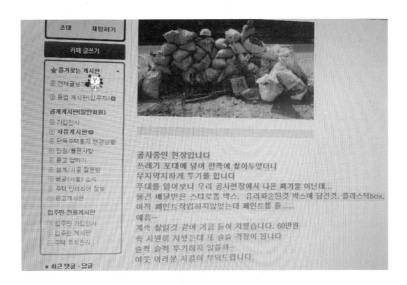

공사중인 현장입니다
쓰레기 포대에 넣어 한쪽에 쌓아두었더니
무지막지하게 투기를 합니다
푸대를 열어보니 우리 공사현장에서 나온 폐기물 아닌데...
물건 배달받은 스티로폼 박스, 유리파손된것 박스에 담긴것, 플라스틱box,
아직 페인트작업하지않았는데 페인트통 들.....
에휴~
계속 쌓일것 같아 겁금 들어 처뱄습니다. 60만원
속 시열히 처냈는데 또 슬슬 걱정이 됩니다
슬쩍 슬쩍 투기하지 않을까~
여웃 여러분 지킴이 부탁드립니다.

● 최근 댓글·답글

때문이다. 부자는 실패하면 내 생각이 짧았다며 뉘우치고, 빈자는
실패하면 감추거나 남 탓으로 돌린다. 남보다 특별한 재능도 머리도
없이 평범하다면 남보다 부지런하고 절약하는 게 기본이다. 부자와
빈자의 기본적인 차이는 마음이다. 마음이 스스로를 부자로 빈자로
만들 수 있다.

건축에 특별한 재능도 지식도 없는 우리 남편은 오늘도 현장에 갔
다. 나는 집에서 쉬면서 주저리주저리 카페에 글을 올렸더니 부자에
대한 나쁜 댓글이 달리며 공격들을 한다.

부잣집에 태어났거나 남의 것을 빼앗거나 부자가 빈자에게 일 시
킬 때 딴생각 말며 일만 죽어라 하라고 말하는 것이다. 구두쇠처럼
아껴도 주위에 부자 된 사람 없다. 진정한 부자는 남의 등을 친 놈들
이거나 우연히 사놓은 부동산 가격이 올랐거나 흔히 하는 사람들의
말로 조상님 묘를 잘 썼거나…….

댓글로 "푼돈은 아끼고 꼭 써야 할 큰돈을 쓰는 것, 스크루지 말고

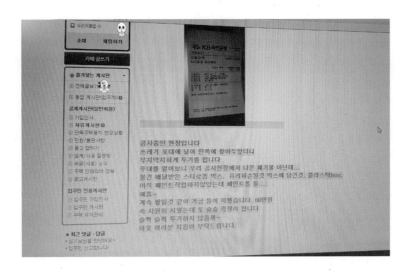

변한 스크루지로 사는 것, 베풀고 넉넉한 맘으로 사는 것, 꼭 물질이 아니라도 고민 들어주고, 용기 내라 토닥여주는 맘으로 사는 부자~ 모두 모두 부자 되길 기도합니다."라고 쓰고 나왔다.

김○○ 씨가 언니에게 "큰일 났다, 현장관리인이 이제 도와주지 않는데 동생 어떻게 건축 마무리를 하느냐?" 걱정스럽게 물어보았다고 한다. 현장관리인이 무엇 때문에 우리 현장을 도울 수 없는지 정직하게 답하지 않았을 것이다.

건축을 하다 보니 지식보다 지혜가 필요하다는 생각을 많이 한다. 비난하고 질책하기보다는 격려하고, 칭찬하며 살아간다면 따뜻한 세상, 살맛 나는 세상이 될 거라고 생각한다.

보이는 게 다는 아니고 타인의 말이 모두 진실은 아니다. 살아가면서 본인이 보고 느끼고 경험한 것 그것이 참된 진실이라 생각한다.

멋진 집 예쁜 집 건강한 집 탄생되길 기대하며 다니지 않던 교회를 열심히 다니고 있다.

석
재

물갈기는 석재 표면을 갈아낸 것이다(연마). 표면이 반들반들 광이 난다. 반짝이며 방수효과가 있다. 버너구이는 표면을 불로 튀겨냈다. 표면이 거칠다. 시간이 지나면 먼지 등 때가 탈 수 있다. 표면이 거칠게 되어 미끄럼방지 효과가 있다.

실리콘 종류에는 방수 전용, 석재 전용(소시지 실리콘; 소시지처럼 쭉 밀어서 사용한다), 유리 전용이 있다.

골조(뼈대)가 완공되었을 때 불이 났고 현장관리인이 우리 현장에 오지를 않아 공사현장을 돌면서 직영으로 건축하고 있는 건축주들의 도움을 받아 석재 계약을 했다.

"0"점을 가운데서 잡아 왼쪽 상가는 지면보다 조금 높고, 오른쪽은 지면보다 조금 낮다. 전체적으로 건물이 낮아 높고 넓게 보이려고 계단실과 상가 1층 앞부분만 탄브라운으로, 나머지는 모두 흰색의 거창석 물갈기 석재로 시공하기로 하고, 계약금 ₩2,000,000원, 석재가 들어오면 ₩20,000,000원, 완공 후 잔액을 지불하기로 계약을 했다. 우리 현장보다 두 달 앞서 건축을 시작한 현장관리인도 석재 주문하고 2~3주 정도 기다려야 한다는 것을 이제 알았다고 한다. 발주 후 도착시간 틈을 예상해야 공기를 줄일 수 있다.

석재가 도착했다고 연락이 와서 설비업자와 석재시공자의 미팅을 주선했다. 설비배관이 있는 곳을 붉은색 락카로 벽 표면에 표시를 하고 석재 시공에 들어갔다.

뼈대(골조) 시공 시 콘크리트 외벽 시공할 때 단열재 120T(㎝) 스티로폼을 붙여가면서 시공했고, 꼼꼼하게 붙여지지 않은 곳은 비계(아시바)에 올라가 남편이 버지폼을 꼼꼼히 쏘며 다녔다.

석재시공전 설비업자 미팅
배관자리 붉은색으로 표시

뚫린 배관 찾아냄
【내시경에서 찾아낸 위치】

배관 뚫린곳 찾아내
같은 배관 잘라 에폭시로 막고
보수함

9.23m

3.66m

내시경으로 뚫린 배관 찾아냄

160

석재시공 중

함색 비닐막대.석재 사이에
집어넣고 실리콘 작업함

석재사이에 가늘고 둥근 비닐 집어넣고
실리콘 묻지않게 붉은색테이프 붙이고 쏘세지실리콘 시공

석재 시공팀 중 한 명이 이곳에 폼을 더 쏘라고 남편을 불렀고, 그 자리가 배관이 지나가는 자리라 남편이 눈여겨보고 배관이 뚫렸다고 짐작을 하고, 시공자를 다그쳤더니 우물쭈물한다.

석재 사장에게 상황을 설명하고 설비업자를 불렀다. 베란다, 화장실에 물을 채워 물이 새는지를 확인해 보려고 했는데 설비업자가 지방 현장에 있는 터라 불가했다.

석재 사장은 괜찮다며 계속 석재시공을 한다고 했고, 남편은 내시경 촬영을 하여 확인하자고 했다. "만약 배관이 뚫리지 않았으면, 석재를 재시공하는 비용이 들어가지 않으니 석재 사장이 내시경 촬영 비용을 부담하고, 배관이 뚫렸으면 내시경 비용은 건축주가 부담할 것이니, 석재를 떼어내고 보수한 뒤 다시 시공해 달라. 서로 고통을 분담해야 하지 않겠는가?" 협의를 했는데 석재 사장의 답이 없다.

다음 날 내시경업체에 의뢰해 촬영을 했고 정확하게 모두 3군데 어떤 위치에 배관이 뚫렸는지를 찾아냈다.

뚫린 위치의 석재를 떼어 내고, 스티로폼을 뜯어내고, 콘크리트를 깨 내고 뚫린 배관을 찾았고, 같은 배관을 알맞게 잘라 에폭시로 붙이고 폼을 쏴 보수를 했다. 만약 그냥 석재시공을 했다면 뚫린 구멍 콘크리트와 스티로폼이 막고 있어 몇 년 동안은 누수가 없다. 먼 훗날 누수가 되고, 곰팡이가 생기고 집이 눅눅해지는데 무엇 때문인지 왜 누수가 되는지 막막한 일이 벌어질 뻔했다.

배관내시경 비용 ₩300,000원을 건축주가 부담했다. 그 일로 석재 사장이 현장을 지날 일이 있으면 꼭 찾아와 도와주고 간다. 그렇게 인간관계가 형성되었다.

임
대
사
업
자

점포겸용택지 분양받아 건축을 하고 택지지구가 무르익으면 임대가 잘된다. 효자다. 그래서 흔히들 조물주 위에 건물주라고들 한다.

1층 상가와 2층, 3층 주택에서 임대료가 나오기 때문에 생활에 여유가 생기고, 다른 부동산을 매수할 기회가 생긴다.

그런데 상가주택이 무르익고 임대료가 잘 나오는 시점이 되려면 2년 만기 한텀 이상이 지나야 하고 그때 매매를 하려고 하면 임대료가 잘 나오는 효자를 떠나보내기 싫어진다.

통장에 저축액은 차곡차곡 쌓이지만 경제적으로 보면 이율이 낮아 원금을 까먹고 있는 것이다. 다른 부동산을 매수하고 주택을 매매하려고 하면 양도소득세 문제가 불거진다.

주택이 2채 이상이라면 건물을 매도하기 전에 다른 주택을 임대사업자등록을 한 후 매도하면 1가구 1주택 혜택을 받을 수 있다.

주택임대사업자 등록 방법은 먼저 거주하고 있는 시, 군, 구청 등 주택과에서 등록을 한 후 세무서에 임대사업자등록을 하여야 한다.

세무서에만 임대사업자등록을 하고 소득세를 납부했을 때 1가구 1주택 비과세 혜택을 받을 수 있다고 착각하여 낭패를 볼 수 있다(꼭 시·군·구청과 세무서 두 곳에 임대사업자 등록을 하여야 비과세 혜택을 받을 수 있다).

세금과 관련하여 주택임대사업자 신고를 하려면 거주지에 있는 세무서를 방문하여야 하며, 주택임대사업자 등록증과 신분증, 주민등록초본 매매계약서 또는 분양계약서 원본과 신분증을 지참해 방문하면 된다.

기간은 취득일로부터 60일 이내이며 준공의 경우는 90일 이내에 등록을 하면 된다.

임대주택은 표준임대차계약서를 작성해야 하고, 임차인이 바뀌거나 조건이 변경되었을 시 조건변경신청도 시·군·구청 또는 동사무소에 꼭 하여야 한다.

감리

설계자가 작성한 설계도서대로 적정하게 시공하고 있는지를 직접 현장에서 객관적으로 확인하고, 공사기간 동안 건축물의 품질, 안전관리 등에 대해 건축주와 시공사를 지도 감독한다.

소규모 건축물 공사 감리자 지정제가 본격 시행되므로 감리자가 건축주와의 갑-을 관계에서 벗어나 감리자 본연의 역할에 집중해 건축물의 품질 향상이 될 것으로 기대한다.

4개월 먼저 건축을 시작한 옆집 준공준비를 해야 한다며 우리 현장에 비계(아시바)를 쳐 놓아 패어 있는 땅을 메우라 한다. 우리 현장에서 마사토를 구입해 비계(아시바)를 쳐 놓은 곳의 땅을 메울 이유가 없지만, 현장에서 큰소리내며 다투기 싫어 마사토를 구입하기로 했다. 25t(톤) 1대 ₩230,000원을 지불하고 마사토를 옆집과 우리 현장에 쏟아 놓았다.

다음날 현장을 청소하고 둘러보려고 나왔는데 옆 현장 폐기물을 우리 현장에 집어넣고 흙으로 버무리 해 놓았다. 싸우기 싫고, 큰소리내기도 그렇고, 치워달라 얘기했는데 마음이 언짢다.

학생들 가르쳤던 그 시절로 돌아가고 싶다. "그 속에서 놀던 때가 그립습니다."

사람들에게서 받은 배신, 불신……

코멕스 CCTV 210만 화소 4개, 채널녹화기 2TB 20인치 모니터 외부카메라 4개, 세대폰, 로비폰, 로비폰 커버, 설치 및 세팅비, 디지털도어락 9만 원×3개, 13만×2개

모두 ₩2,800,000만 원

방화문 시공, 1층 현관문 후렘 시공, 현관문 흰지 손잡이, 상가 후렘 시공, 강화도어 흰지 손잡이, 상가 계단 데스리, 옥상 안전난간, 계단창 안전난간, 거실창 안전난간

₩13,450,000원

강화도어 안전난간

창호는 도급으로 지었던 집이 10년이 되어도 창호 하자, 결로가 없었기에 같은 LG하우시스로 하였다. LG하우시스 이중창 24, 계단연창 24로이 Ar PL 250 계단 창에 롤 방충망을 하고 부엌창만 원창으로 했다. 나머지는 이중창, 실리콘은 습기에 팽창을 하거나 아주 미세하게 변형이 될 수 있기에 LG실리콘으로 내부시공하기로

계약하고 계약이행증권을 받고 시공 후 하자이행증권을 받았다. 창이 엄청 크고 많기도 했지만 다른 건축물보다 창호 부분에서 많은 비용이 들었다.

외부창호는 창호 부분이 꼼꼼하게 채워져 있지 않으면 그곳으로 결로가 발생할 수 있고, 습기가 유입되어 하자가 발생할 수 있다. 외부창호는 꼭 사춤이 확실히 되었는지 확인하여야 한다.

부가세 포함 ₩25,600,000원

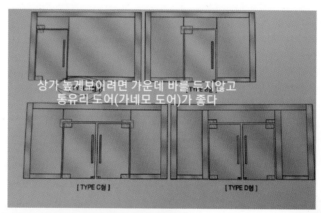

창호 도착

170

오수 · 우수 · 하수도 연결공사를 추가비용 없이 계약하고 시공하기로 했는데 현관계단 바로 밑에 오수관이 있어 관을 조금 뒤로 옮기는 시공을 다시 하면서 추가비용이 발생하였다.

₩3,000,000원

오수.우수관시공

오수.우수

오수.우수관시공

방
통

방바닥을 통 미장한다는 말을 줄여 방통이라 한다.

바닥을 깨끗이 하고 기포를 쳤다. 기포가 마른 후 보통은 스티로폼을 까는데 우리 현장은 열반사단열재를 깔았다. 바닥에 스티로폼을 까는 것은 바닥에서 올라오는 냉기를 차단하는 것이다. 와이어메쉬를 깔고, 엑셀을 깔고, 엑셀을 와이어메쉬에 반생이 철사로 쿡쿡 눌러 고정시킨다.

차광막을 깔아주는데 엑셀파이프가 차광막과 함께 눌려져 뜨는 것을 막아주는 역할을 한다. 방통차량을 통해 레미콘에서 부어주는 시멘트몰탈을 바닥에 뿌릴 수 있도록 해 준다. 우리가 보는 똥차에서 보는 관이다.

몰탈은 시멘트와 모래, 물을 혼합한 것이다. 레미콘차량 안에 자갈조각들이 있기 때문에 방통차량에서 거름망을 통해 걸러준다. 물과 섞인 몰탈이 관을 통해 바닥에 쳐진다. 몰탈 27㎥(루베)를 주문했는데 남고 모자람 없이 잘 맞았다.

몰탈을 채우고 나면 방통 치는 사람이 발에 스티로폼조각을 묶어 바닥과 맞닿는 면적을 넓게 한 뒤 소금쟁이가 되어 방통이 평평하게 잘 펴지도록 계속 레벨을 잡아준다. 방통 수평을 잘 잡아야 바닥재 시공할 때 문제가 생기지 않는다.

미장이 전날 벽면에 먹줄을 튕겨서 바닥레벨을 맞춰준다. 방통은 먹줄라인까지 치면 된다.

석고보드는 습기에 약하다. 방통을 치고 석고보드를 붙이는 것이 좋다. 골조에 석고보드를 붙인 후에 방통을 치면 석고보드 아래쪽이 방바닥보다 낮게 되어 몰탈의 수분이 고이게 되고 그 부분의 열 교화 현상으로 결로가 생겨 곰팡이가 피게 된다.

석고보드를 붙인 뒤 방통을 하는 현장은 석고보드 아래쪽 몰탈이
처질 부분의 공간을 떼어 수분이 석고보드에 묻지 않게 하여야 한다.

방통 똥차 호수관 같은곳에서
몰탈 쏟아냄

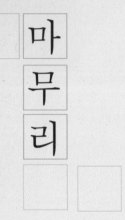

마
무
리

　자신이 모든 것을 다 할 수 있다는 것은 자신감이 아니라 무지함에서 오는 만용이다. 세상에는 나보다 더 뛰어난 사람들이 많이 있다. 건축을 하며 공정 공정 숙련된 사람들의 기술을 직접 보고 배우고 감탄을 하기도 했다.

　사람을 제대로 볼 줄 아는 능력을 키워야 한다. 지나치게 친절하고, 입바른 칭찬을 하고, 본인이 최고기술자인 것 같은 믿음을 주며 거칠게 일하는 기술자, 말없이 또는 툴툴대며 일하지만 손끝이 야무지고, 성실하게 내 집일같이 일하는 기술자…….

건축을 하면서 눈물도 흘리고 한숨도 쉬었는데, 뒤돌아보면 나름 행복이다.

걱정, 근심, 기대, 두근두근 가슴 설레며 하자 없는 건강한 놈을 탄생 시키겠다는 결의에 찬 마음까지 가지면서 남편과 함께 작업하고 자재를 선택하며 맛있는 음식 먹고, 좋은 사람들과 좋은 정보 나누고, 남양주에서 시흥까지 드라이브하며, 모르는 것도 알아가고…….

『어린왕자』에서 평범한 삶을 소중하게 만드는 비결. 자기 별 장미꽃에 매일같이 물을 주고, 벌레를 잡아주고, 때때로 유리덮개로 바람도 막아주고, 장미꽃에 쏟아부은 시간…….

순간순간 열심히 씨뿌리는 마음, 하루하루 반성하고 감사한 마음으로 정성을 쏟으며 시간이 흐르다 보니 건강한 건물이 우뚝 서 있다. 건축은 시간이 해결해준다.

평범했던 삶이 특별한 삶이 될 수 있게, 직영으로 건축할 자신감을 준 현장관리인에게 심심한 감사를 한다.

설계에 심혈을 기울여준 설계사, 징크, 전기, 설비, 미장, 타일, 석재, 화이트 폼, 내장목수팀, 도배바닥재팀, 씽크대팀, 조경팀…….

모든 분들이 아니었다면 건강한 건축물을 탄생시키지 못했을 것이고 삶에 기쁨도 없었을지 모른다.

직영으로 건축하며 놀라고, 서운하고, 아프고, 화나는 모든 좋지 않았던 감정들이 시간이 흐른 지금 뒤돌아보니 모두 감사하다.

모두모두 행복하길 기도하며 진심으로 가슴 깊이 감사하다.

건설공사의 종류별 하자담보책임기간(제30조 관련)

공사별	세부공종별	책임기간
1. 교량	① 기둥 사이의 거리가 50m 이상이거나 길이가 500m 이상인 교량의 철근콘크리트 또는 철골구조부	10년
	② 길이가 500m 미만인 교량의 철근콘크리트 또는 철골구조부	7년
	③ 교량 중 ①② 외의 공종 (교면포장, 이음부, 난간시설 등)	2년
2. 터널	① 터널(지하철을 포함한다)의 철큰콘크리트 또는 철골구조부	10년
	② 터널 중 ① 외의 공종	5년
3. 철도	① 교량, 터널을 제외한 철도시설 중 철근콘리트 또는 철골구조	7년
	② ① 외의 시설	5년
4. 공항, 삭도	① 철근콘크리트, 철골구조부	7년
	② ① 외의 시설	5년
5. 항만, 사방간척	① 철근콘크리트, 철골구조부	7년
	② ① 외의 시설	5년
6. 도로	① 콘크리트 포장 도로(암거 및 측구를 포함한다)	3년
	② 아스팔트 포장 도로(암거 및 측구를 포함한다)	2년
7. 댐	① 본체 및 여수로 부분	10년
	② ① 외의 시설	5년
8. 상 · 하수도	① 철근콘크리트, 철골구조부	7년
	② 관로 매설, 기기 설치	3년
9. 관계수로, 매립		3년
10. 부지정지		2년
11. 조경	조경시설물 및 조경식재	2년
12. 발전, 가스 및 산업설비	① 철근콘크리트, 철골구조부	7년
	② 압력이 1㎡당 10킬로그램 이상인 고압가스의 관로(부대기기를 포함한다) 설치공사	5년
	③ ①② 외의 시설	3년
13. 기타 토목공사		1년

14. 건축	① 대형공공성 건축물(공동주택, 종합병원, 관광 숙박시설, 관람지회시설, 대규모소매점과 16층 이상 기타 용도의 건축물)(의 기둥 및 내력벽	10년
	② 대형공공성 건축물 중 기둥 및 내력벽 외의 구조 상 주요부분과 ① 외의 건축물 중 구조상 주요부분	5년
	③ 건축물 중 ①②와 제15호의 전문공사를 제외한 기타 부분	1년
15. 전문공사	① 실내의장	1년
	② 토공	2년
	③ 미장, 타일	1년
	④ 방수	3년
	⑤ 도장	1년
	⑥ 석공사, 조적	2년
	⑦ 창호설치	1년
	⑧ 지붕	3년
	⑨ 판금	1년
	⑩ 철물(제1호 내지 제14호에 해당하는 철골을 제외한다)	3년
	⑪ 철근콘크리트(제1호부터 제14호까지의 규정에 해당 하는 철근콘크리트는 제외한다) 및 콘크리트 포장	3년
	⑫ 급배수, 공동구, 지하저수조, 냉난방, 환기, 공기조화, 자동제어, 가스, 배연설비	2년
	⑬ 승강기 및 인양기기 설비	3년
	⑭ 보일러 설치	1년
	⑮ ⑫⑭ 외의 건물내 설비	1년
15. 아스팔트 포장		2년
16. 보링		1년
17. 건출물조립	건축물의 기둥 및 내력벽의 조립을 제외하며, 이는 제14호에 따른다	1년
18. 온실 설치		2년

비고 : 위 표 중 2 이상의 공종이 복합된 공사의 하자담보책임기간은 하자책임을 구분할 수 없는 경우를 제외하고는 각각의 세부 공종별 하자담보책임기간으로 한다.

사진으로 보는 작업공정

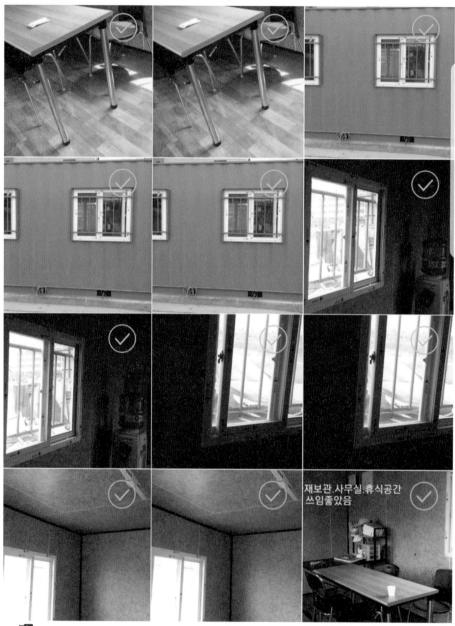

재보관.사무실.휴식공간
쓰임좋았음

파일 컷팅 작업

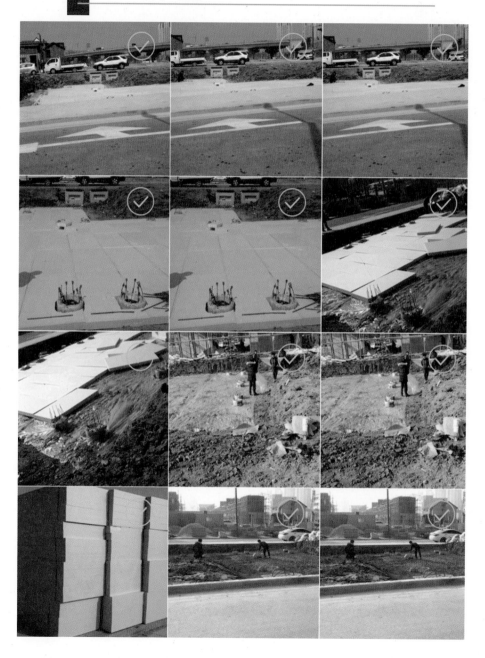

철근작업

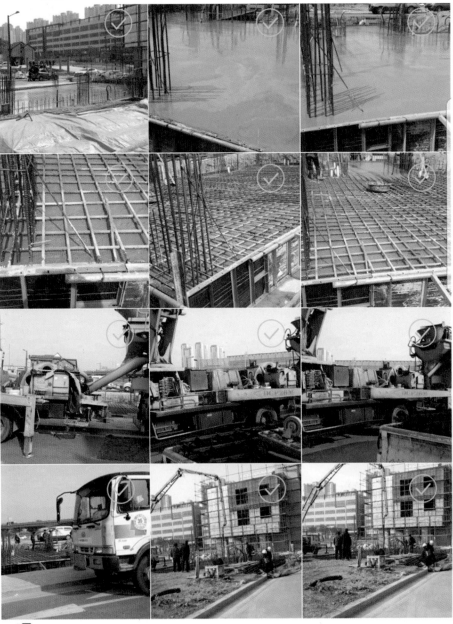

2017. **4. 12**

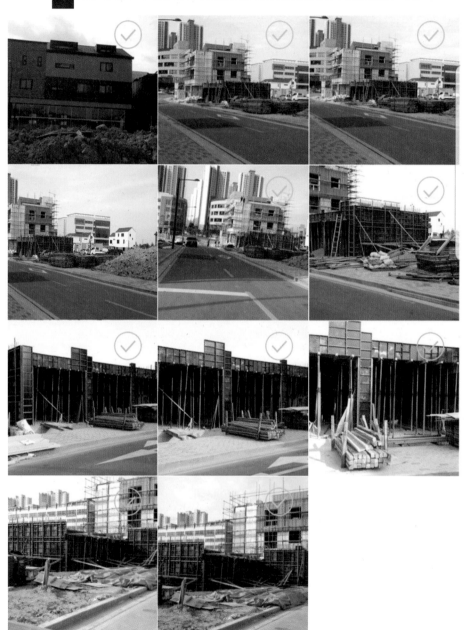

비 오는 날 레미콘 타설함

인근에 컨테이너 부스로 짓고 있는 집

비바람에 제역할 톡톡이 챘음

현장관리인 건물 지에서
떼라해서 2개 떼냄 맘고

현장관리인집
뻐꾸기창 2개 뜯어내고
보수함

지붕공사 끝나면 아시바 뗌

208

가스관공사

2017. 8. 18

213

2017. **8. 22**

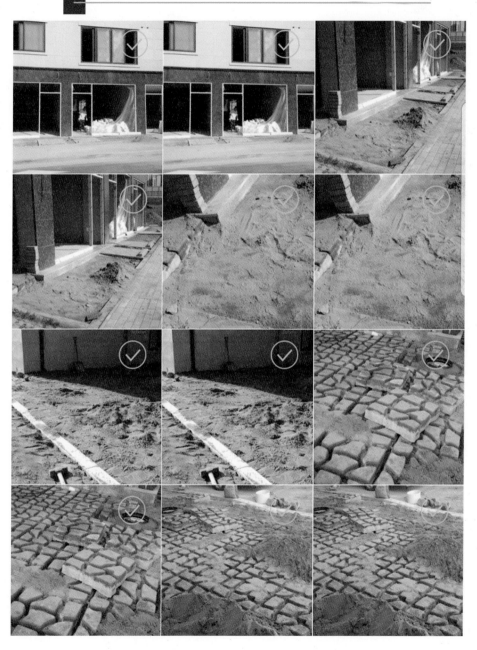

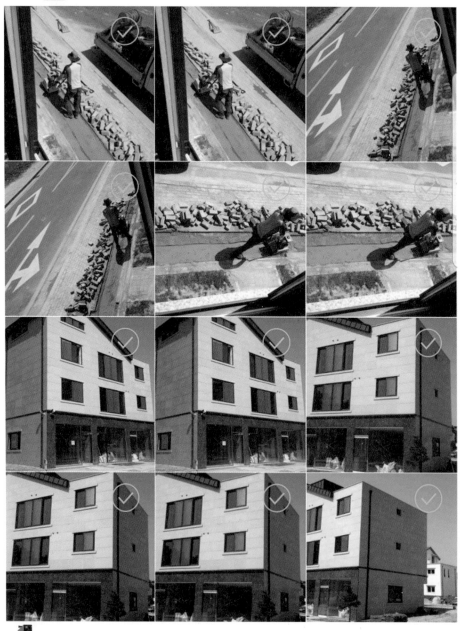

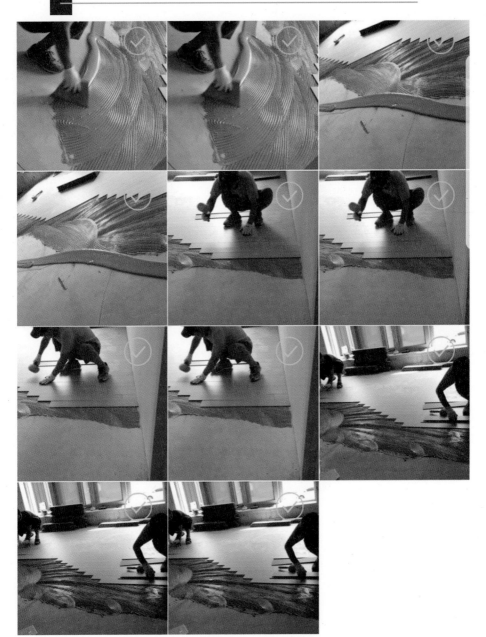